结构碳材料的催化应用

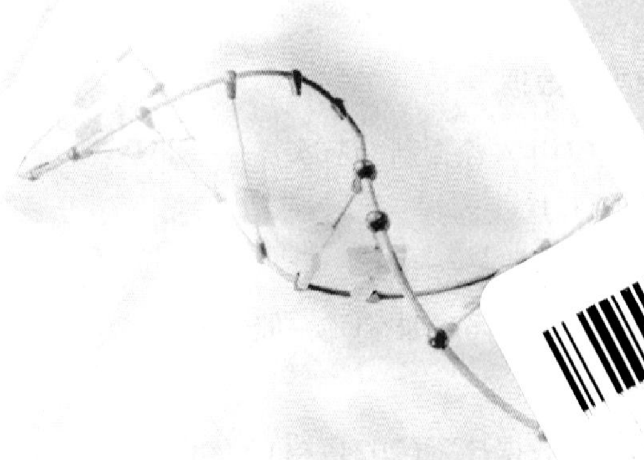

徐振新　李冰◎著

中国石化出版社
·北　京·

内 容 提 要

本书主要内容包括催化用碳材料及其分类、结构碳材料的表面物理化学性质、结构碳材料的合成改性和表征、结构碳材料基催化剂在化学反应中的应用研究及其未来发展与展望等部分；系统论述了目前催化用结构碳材料领域的发展状况及面临的挑战，聚焦国内外最新研究进展；重点介绍了商业碳毡、石墨毡等结构碳材料作为非金属碳催化剂和金属基催化剂碳载体在相关非均相催化反应中的研究工作。

本书可供催化剂工程设计人员及从事纳米碳催化、碳载金属催化的学者借鉴和参考，也可作为高等院校相关专业师生的学习资料。

图书在版编目(CIP)数据

结构碳材料的催化应用／徐振新，李冰著．— 北京：中国石化出版社，2024. 1

ISBN 978-7-5114-7429-2

Ⅰ．①结… Ⅱ．①徐… ②李… Ⅲ．①碳-催化反应 Ⅳ．①O643. 32

中国国家版本馆 CIP 数据核字(2024)第 037481 号

中国石化出版社出版发行

地址：北京市东城区安定门外大街 58 号

邮编：100011　电话：(010)57512500

发行部电话：(010)57512575

http://www.sinopec-press.com

E-mail：press@sinopec.com

北京科信印刷有限公司印刷

全国各地新华书店经销

*

710 毫米×1000 毫米 16 开本 10. 25 印张 180 千字

2024 年 1 月第 1 版　2024 年 1 月第 1 次印刷

定价：62. 00 元

PREFACE

前言

碳材料(carbon materials, CMs)是指具有特定物理化学性质的各种碳质复合物，如活性炭(active carbon, AC)、碳纳米管/碳纳米纤维(carbon nanotubes/carbon nanofibers, CNTs/CNFs)和石墨烯(graphene)。如今，CMs已经被用于大量的催化过程，无论是作为载体还是直接作为非金属催化剂。这些CMs的物理化学性质，特别是孔隙率和表面的反应性能，在本质上与表面官能团的存在或N、S及P等杂原子的掺杂有关，这些性质可以被改变，以满足下游催化应用过程的要求，从而推动了具有改进的催化性能的新型催化剂的开发。表面官能团修饰的结构缺陷，以及具有杂原子掺杂的碳结构，在负载催化剂的制备中都能够起到活性相的锚定位点的作用，它们甚至还可以作为特定的催化反应的活性位点，用来代替将负载的金属作为活性相的催化剂。

这些CMs通常以两种形式使用：粉末状形式和结构形式，具体取决于下游应用。对于液相反应，首选粉末状形式，因为它为反应提供了较大的接触面；而对于气相反应，结构形式最常用于降低催化剂床层压降。然而，结构碳材料在液相反应中的应用也受到越来越多的关注，因为它可以使催化剂回收过程更加容易，并避免了耗时耗能的过滤步骤。以结构形式制造碳载体有以下常见的策略：①将预先存在的

(粉末状)纳米碳材料(如 CNTs 和/或多层石墨烯)交联成不同的具有聚合宏观形状的方法；②纳米碳材料在结构主体基底上的催化原位生长；③在不使用宿主基质的情况下制造自支撑的碳气凝胶。然而，这些多级复合材料的合成过程并不简单，因为它需要在高温下进行操作或者需要其他复杂的复合物参与反应才能实现；它还会在合成后产生需要进行处理的废物或副产品。因此，找到更简单且对环境影响较小的新制备方法正引起越来越多研究人员的兴趣。

本书作者近年来一直从事结构碳材料的制备与表征及其催化应用的研究工作，设计合成开发了一系列具有多种表面官能团和杂原子掺杂剂修饰的富碳缺陷的结构碳材料，探索了商业碳毡/石墨毡(carbon felt/graphite felt，CF/GF)作为新型结构碳材料的催化应用潜力。CF/GF 常以宏观的结构形式进行使用，其由微米纤维组成，同时具有高可及性的分层网络。在 CF/GF 的合成过程中，碳前驱体热处理的不同温度将导致最终材料石墨化程度的不同，从而导致 CF/GF 表面和孔隙率的可变性。碳的本质使得改变这两种材料的物理化学性质成为可能，包括孔结构还有表面的化学性质，而毛毡的宏观性质有助于它们的结构成型，所有这些都可以根据下游的催化应用而进行特殊定制。

本书是作者在进行了一系列结构碳材料相关催化应用研究的基础上，结合领域最新研究进展编著而成，系统全面地介绍了催化用碳材料领域相关的基础知识，结构碳材料在表面物理化学性质、合成改性和表征等方面的最新研究进展，以及结构碳材料基催化剂(包括非金属碳催化剂和金属基催化剂碳载体)在化学反应中的应用研究；重点介绍了商业 CF、GF 等结构碳材料作为非金属催化剂和金属基催化剂载体在相关非均相催化反应(包括气相反应和液相反应)中的研究工作。本书共分9章，第1章简要概述了碳材料在催化领域的应用，包括对其作为催化剂载体和非金属催化剂的介绍；第2章对结构碳材料及其合成进行了介绍，并对碳毡和石墨毡进行了简要概述；第3章介绍了结构碳材料的表面物理化学性质，并对碳材料表面修饰策略的发展和研究现状进行了总体概述和介绍；第4章介绍了结构碳材料基催化剂在化学反应中的应用，在碳材料作为非金属催化剂和催化剂载体的反应应用中，分别选取H_2S的气相选择性氧化反应和α，β-不饱和肉桂醛的液相选择性加氢反应进行了介绍；第5章以第4章所选取的催化反应应用为例，对石墨毡基结构碳材料催化剂的制备、表征和反应性能评价进行了简要介绍；第6章介绍了气态硝酸活化的结构石墨毡作为H_2S气相选择性氧化反应的多级非金属催化剂的研究工作；第7章对结构石墨毡负载Pd纳米催化剂用于α，β-不饱和肉桂醛的液相选择性加氢反应进行了介绍；第8章介绍了电磁感应加热下结构碳材料的催化应用，包括电磁感应加热下结构碳材料的合成和结构碳材料在催化反应中的应用；第9章简要介绍了石墨毡基结构碳材料催化剂的未来发展与展望。全书第1、2、3、6、7、8和9章由西安石油大学徐振新博士编写，第4章和第5章由法国斯特拉斯堡大学李冰博士编写。全书由徐振新统稿，其中徐振新著16万字，李冰著2万字。

本书获得西安石油大学优秀学术著作出版基金资助出版，并获得陕西省自然科学基础研究计划项目(项目编号：2023-JC-QN-0120)和陕西省教育厅科研计划项目(项目编号：23JK0610)资助，在此表示感谢。

结构碳材料在催化领域的应用在近几年取得了突飞猛进的发展，新型合成、改性和表征的方法和策略持续涌现，催化反应的应用种类不断刷新。由于作者水平和时间有限，书中不足之处在所难免，敬请读者批评指正。

CONTENTS

目录

第1章　绪论 ……………………………………………… (1)

1.1　催化用碳材料 ……………………………………… (1)

1.2　碳材料作为催化剂载体 …………………………… (1)

1.3　碳基非金属催化剂 ………………………………… (3)

参考文献 ……………………………………………… (5)

第2章　结构碳材料及其合成 ……………………………… (12)

2.1　结构碳材料和粉末状碳材料 ……………………… (12)

2.2　结构碳材料的合成 ………………………………… (13)

2.3　碳毡/石墨毡………………………………………… (20)

参考文献 ……………………………………………… (23)

第3章　结构碳材料的表面物理化学性质………………… (25)

3.1　表面官能团和杂原子掺杂剂 ……………………… (26)

3.2　多孔结构和结构性缺陷 …………………………… (27)

3.3　碳材料表面功能化的策略 ………………………… (28)

3.3.1　氧化过程 ……………………………………… (28)

3.3.2　氨基化过程 …………………………………… (29)

3.3.3　硫醇化过程 …………………………………… (30)

3.3.4　氮掺杂 ………………………………………… (32)

3.3.5　硫掺杂 ………………………………………… (32)

参考文献 …………………………………………………………………… (33)

第 4 章　结构碳材料基催化剂在化学反应中的应用 ……………………… (39)
4.1　H_2S 的气相选择性氧化反应生成单质硫 ……………………………… (39)
4.2　α, β-不饱和肉桂醛的液相选择性加氢反应 …………………………… (41)
4.2.1　活性金属的影响 …………………………………………………… (41)
4.2.2　金属粒径的影响 …………………………………………………… (42)
4.2.3　碳载体的表面化学性质对肉桂醛加氢反应的影响 ……………… (42)
4.2.4　肉桂醛加氢反应的电子效应 ……………………………………… (43)
4.2.5　液相反应过程中催化剂的循环利用和回收 ……………………… (45)
参考文献 …………………………………………………………………… (46)

第 5 章　石墨毡基结构碳材料催化剂的制备、表征和反应性能评价 … (49)
5.1　石墨毡基结构碳材料催化剂的制备 …………………………………… (49)
5.1.1　石墨毡(GF)和 GF 的气态 HNO_3 处理工艺 ……………………… (49)
5.1.2　石墨毡基结构碳材料及其作为载体的结构催化剂 ……………… (51)
5.2　结构碳材料基催化剂的表征 …………………………………………… (52)
5.2.1　扫描电子显微镜(SEM) …………………………………………… (52)
5.2.2　电感耦合等离子体原子发射光谱(ICP-AES) …………………… (52)
5.2.3　透射电子显微镜(TEM) …………………………………………… (52)
5.2.4　拉曼(Raman)光谱 ………………………………………………… (52)
5.2.5　低温氮气吸附-脱附(N_2 adsorption/desorption) ……………… (52)
5.2.6　衰减全反射傅里叶变换红外光谱(ATR-FTIR) ………………… (53)
5.2.7　程序升温脱附(TPD) ……………………………………………… (53)
5.2.8　热重分析(TGA) …………………………………………………… (53)
5.2.9　氢气程序升温还原(H_2-TPR) …………………………………… (53)
5.2.10　X 射线光电子能谱(XPS) ………………………………………… (54)
5.2.11　氢气程序升温脱附(H_2-TPD) ………………………………… (54)
5.3　石墨毡基结构碳材料催化剂的反应性能评价 ………………………… (54)
5.3.1　H_2S 的气相氧化反应 ……………………………………………… (54)

5.3.2 α, β-不饱和肉桂醛的液相加氢反应 …………………… (55)
参考文献 …………………………………………………………… (56)

第6章 结构石墨毡作为 H_2S 气相选择性氧化反应的多级非金属催化剂 …………………………………………………… (58)
6.1 引言 ……………………………………………………………… (58)
6.2 石墨毡非金属催化剂及其氧化脱硫性能研究 ……………… (60)
6.2.1 酸处理石墨毡的表征分析 ………………………………… (60)
6.2.2 OGFs 作为非金属催化剂用于 H_2S 的气相选择性氧化反应 … (69)
6.3 本章小结 ………………………………………………………… (73)
参考文献 …………………………………………………………… (74)

第7章 结构石墨毡负载 Pd 纳米催化剂用于 α, β-不饱和肉桂醛的液相选择性加氢反应 ………………………………………… (79)
7.1 引言 ……………………………………………………………… (79)
7.2 石墨毡负载 Pd 催化剂及其液相加氢性能研究 …………… (81)
7.2.1 GF 和 OGF 材料 ………………………………………… (81)
7.2.2 Pd/OGF 的特性 …………………………………………… (85)
7.2.3 Pd/OGF 作为结构催化剂用于 α, β-不饱和肉桂醛的液相选择性加氢反应 ………………………………………………… (89)
7.3 本章小结 ………………………………………………………… (97)
参考文献 …………………………………………………………… (99)

第8章 电磁感应加热下结构碳材料的催化应用 …………………… (105)
8.1 电磁感应加热下结构碳材料的合成 …………………………… (105)
8.1.1 载体和催化剂 ……………………………………………… (106)
8.1.2 碳纳米纤维生长过程 ……………………………………… (107)
8.1.3 电磁感应加热与焦耳加热下的 CNFs 生长 ……………… (109)
8.2 结构石墨毡作为电磁感应加热感受器为 CO_2 甲烷化反应供热 …… (114)
8.2.1 碳化硅材料 ………………………………………………… (115)

8.2.2 ^{k}Ni/SiC 复合催化剂材料的合成 …………………………… (116)
8.2.3 电磁感应加热(induction heating, IH)装置 ………………… (117)
8.2.4 焦耳加热装置(电炉) ………………………………………… (117)
8.2.5 在两种加热配置下^{k}Ni/SiC 作为催化剂的甲烷化反应：焦耳加热与电磁感应加热 ………………………………………… (118)
8.2.6 反应温度和加热管理模式(JH 与 IH)对甲烷化反应性能的影响 ………………………………………………………… (119)
8.3 电磁感应加热下结构碳毡负载 Ni 基催化剂用于 CO_2 甲烷化反应 … (121)
8.3.1 载体处理与催化剂制备 …………………………………… (123)
8.3.2 电磁感应加热装置 ………………………………………… (123)
8.3.3 Ni/OCF 催化剂的合成与表征 ……………………………… (124)
8.3.4 使用电磁感应加热的 Ni/OCF 作为催化剂的二氧化碳甲烷化反应 ………………………………………………………… (126)
8.3.5 稳定性评价实验 …………………………………………… (130)
8.4 结构碳材料基非金属催化剂在电磁感应加热下用于 H_2S 选择性氧化反应 ………………………………………………………… (131)
8.4.1 碳化硅载体 ………………………………………………… (132)
8.4.2 NMC/SiC 整体式催化剂的合成 …………………………… (132)
8.4.3 在 SiC 上所涂覆的氮掺杂的介孔碳层 …………………… (134)
8.4.4 H_2S 选择性氧化反应 ……………………………………… (137)
参考文献 …………………………………………………………… (145)

第9章 石墨毡基结构碳材料催化剂的未来发展与展望 ……………… (153)

第1章　绪　　论

1.1　催化用碳材料

碳材料(carbon materials, CMs)，是一类主要由碳元素组成的材料的统称，其通常具有特定的物理化学性质，如活性炭、碳纳米管/纤维和石墨烯等。如今，无论是作为载体还是直接作为非金属催化剂使用，CMs在催化领域的应用都非常广泛。这些CMs的物理化学性质，特别是独特的孔结构和表面化学，即表面功能化或杂原子掺杂，需要特殊定制以满足下游催化过程的要求。同时，这些CMs通常以粉末状和结构两种形式存在，具体取决于下游应用。对于液相反应，首选粉末状形式，因为它能够提供更大的接触表面积；而对于气相反应，最常使用结构形式以降低催化剂床层的压降。然而，结构碳材料在液相反应中的应用也受到越来越多的关注，因为它可以使催化剂回收过程更加容易并避免耗时耗能的过滤步骤。因此，开发具有可高度定制物理化学性质、更优催化性能的新型结构碳材料，具有重要意义。

1.2　碳材料作为催化剂载体

作为催化剂载体，CMs能够为活性金属相的分散提供较大的比表面积和可调节的孔隙率，而它们的高导热性可以避免在催化剂床层内形成梯度温度或热点，从而减少副反应的发生并降低副产物的生成。它们的高导电性使它们能够在电催化领域被广泛作为载体或非金属催化剂使用。同时，CMs的导电性还使得碳基催化剂可通过非接触加热方式进行加热，即电磁感应加热。这种加热方式可以为催化剂的局部提供有针对性的热量，从而实现靶向加热，同时其高加热速率(每分几百摄氏度)能够实现对催化反应的温度进行急速调节。与传统的金属氧化物载体相比，碳材料无论在酸性还是碱性介质中都更加稳定，因此使用碳载体催化剂时反应介质的选择范围将更加广泛。目前，CMs 被更多地用于负载贵金属活性组分，因为除了上述几个不同的优点外，在催化剂活性丧失的情况下，它们能够提供一种通过焚烧碳载体来回收贵金属的简单方法。

此外，通过引入丰富的官能团(包括含氧、氮和硫基团等)或石墨结构缺陷位，可以对 CMs 的表面活性进行特定修饰，这些修饰位点在催化剂制备过程中对活性组分或其前驱体起到吸附锚定的作用，从而在反应过程中增强活性组分的分散性和稳定性，或者借助这些含氧官能团等修饰的缺陷位点中间体可以直接将碳材料作为非金属催化剂使用。Luo 等开发了绿色臭氧/水处理技术，以制备表面功能化和缺陷富集的碳纳米管(oCNT)。丰富的氧官能团和表面结构缺陷可以有效地捕获胶体溶液中的 Au 纳米颗粒(nanoparticles，NPs)。在 300℃热处理后，由于与 oCNT 上的缺陷位置存在强烈的相互作用，Au/oCNT 仍然保持良好的活性金属分散性。所制备的催化剂在无溶剂条件下对苄胺氧化自偶联转化成亚胺表现出显著的催化性能。

除了 CMs 表面接枝的官能团(通常是含氧官能团)外，杂原子(如 N 和 S 等)掺杂剂还可以通过金属-载体强相互作用(strong metal-support interactions，SMSI)提高负载金属纳米颗粒的分散性和稳定性。掺杂剂还会改变 CMs 表面的碱性或酸性，进而改进活性相的分散性和/或催化反应性能。Jiang 等报道了一种具有高氮含量(高达 18.5%的质量分数)的介孔氮化碳(MCN)的合成，可以有效地用作 Pd NPs 的载体，通过 N 和 Pd 之间的强相互作用使 Pd NPs 表现出高度的分散性并具有良好调控的粒径分布。合成后的 MCN 负载 Pd 催化剂在芳族羧酸的选择性加氢中表现出增强的活性。

同时，被不同官能团或杂原子掺杂剂修饰的碳载体与活性金属纳米粒子间具有不同的相互作用强度。Shi 等通过引入含氧官能团和 N 掺杂制备了表面改性的碳纳米管(carbon nanotubes，CNTs)，用作分散 Pt NPs 的载体。研究表明，一方面，含氧基团和氮掺杂剂都是 Pt NPs 在表面改性 CNTs 上高度分散的原因。另一方面，N 掺杂碳载体上的 Pt NPs 可通过与 N 杂原子间的 SMSI 在加热和电化学的条件下实现有效的稳定，从而防止因为金属活性相烧结而导致的催化剂活性丧失。

将功能化的 CMs 作为催化剂载体使用，不但可通过 SMSI 增强金属 NPs 的分散性和稳定性，而且能够通过电子金属-载体相互作用(electronic metal-support interactions, EMSI)影响催化剂的反应活性和选择性。Higgins 等使用热冲击/淬火退火工艺合成了硫掺杂的石墨烯(sulfur-doped graphene, SG)，用作 Pt NPs 的载体。Pt/SG 催化剂显示出比商业 Pt/C 催化剂和 Pt/石墨烯更好的氧还原反应(oxygen reduction reaction, ORR)活性，以及出色的电化学稳定性。计算模拟结果表明，S 的掺杂显著增强了 Pt 和石墨烯之间的相互作用，从而表现出出色的电化学稳定性。重要的是，S 掺杂剂能够调节 Pt 的电子特性，导致 Pt 的 d 带中心下移，从而表现出出色的 ORR 活性。

此外，可通过碳载体可控的功能化过程来改变电子 EMSI 效果，如金属和碳载体支架之间的电荷转移效应。Rao 证明通过对装饰有含氧官能团的 CNTs 载体进行简单热处理可以调节 Pd/C 界面处的电荷分布。碳负载的 Pd 活性金属中催化中心的电子结构的精细调变，导致金属活性相的电子转移消耗和 Pd 金属的 d 带中心上移，从而提高肉桂醛加氢中 C═C 双键的选择性。

1.3 碳基非金属催化剂

CMs 还可以在许多催化过程中被直接作为催化剂使用，即非金属催化剂。当其本身作为催化剂使用时，其无金属的特性从本质上避免了负载金属催化剂因活性金属物种的烧结和聚集而导致的催化剂失活现象。同时，碳基非金属催化剂的耐酸碱性能允许它们在非中性介质中进行催化反应，但是负载金属催化剂却因为金属活性相会被腐蚀而不能在非中性反应介质中使用。

通过对 CMs 进行功能化，可以在其表面引入具有大量官能团或者杂原子掺杂剂修饰的结构缺陷位点，这些位点在特定的反应中被作为催化活性位使用。表 1-1 总结了 CMs 可作为非金属催化剂使用的代表性反应。Liu 等通过静电纺丝合成了一种由氮掺杂碳纤维组成的宏观复合材料(N@CFs)。将 N@CFs 经过高温碳化，所得到的材料可作为非金属碳催化剂用于 H_2S 选择性催化氧化生成单质硫，这种非金属催化剂的脱硫性能比最活跃的金属基催化剂(Fe_2O_3/SiC)高两倍。

表 1-1　CMs 可作为非金属催化剂使用的代表性反应

催化反应	可能的活性位	文献
乙苯氧化脱氢反应	醌基官能团	[37-40]
丙烷氧化脱氢反应	醌基官能团	[41-43]
丁烷氧化脱氢反应	醌基官能团	[12, 44]
乙苯直接脱氢反应	醌基官能团	[45-48]
丙烷直接脱氢反应	醌基官能团	[49]
醇氧化成醛/酮反应	醌基官能团	[50]
NO 氧化反应	醌基官能团	[51, 52]
SO_2 氧化反应	醌基官能团	[53]
H_2S 氧化反应	醌基官能团	[54-57]
NO_x 还原反应	醌基官能团	[58, 59]
环氧化合物醇解反应	磺酸官能团	[60]
酯化反应	磺酸官能团	[61]
酰化反应	磺酸官能团	[62]
烷基化反应	磺酸官能团	[63]
缩醛化反应	磺酸官能团	[64]
氧还原反应	电子结构	[6, 26, 65]
析氢反应	电子结构	[66]
析氧反应	电子结构	[67]

然而，与结构明确的负载型金属催化剂相比，由于存在多种表面官能团和杂原子掺杂剂，因此，对于碳基非金属催化剂中活性中心性质的定性和定量分析仍然是一个待解决的问题。此外，由于合成过程较为复杂，特定的官能团和杂原子掺杂剂的合成仍然十分困难。因此，通过合理地设计和制备具有特定物理化学性质的非金属碳基催化剂以优化其反应性能仍然具有非常大的挑战性。Qi 等通过化学滴定法确定并量化了非金属纳米碳用于乙苯氧化脱氢反应(oxidative dehydrogenation, ODH)的不同活性位点(见图 1-1)。研究表明，由于氧化后 CNTs 的 ODH 催化活性与 CNTs 上酮羰基官能团的表面浓度直接相关，因此 ODH 反应中

碳基催化剂的活性中心是羰基官能团。ODH 反应的活性与酮基团浓度的相关性使人们能够深入了解这种碳基非金属催化剂的固有催化属性。

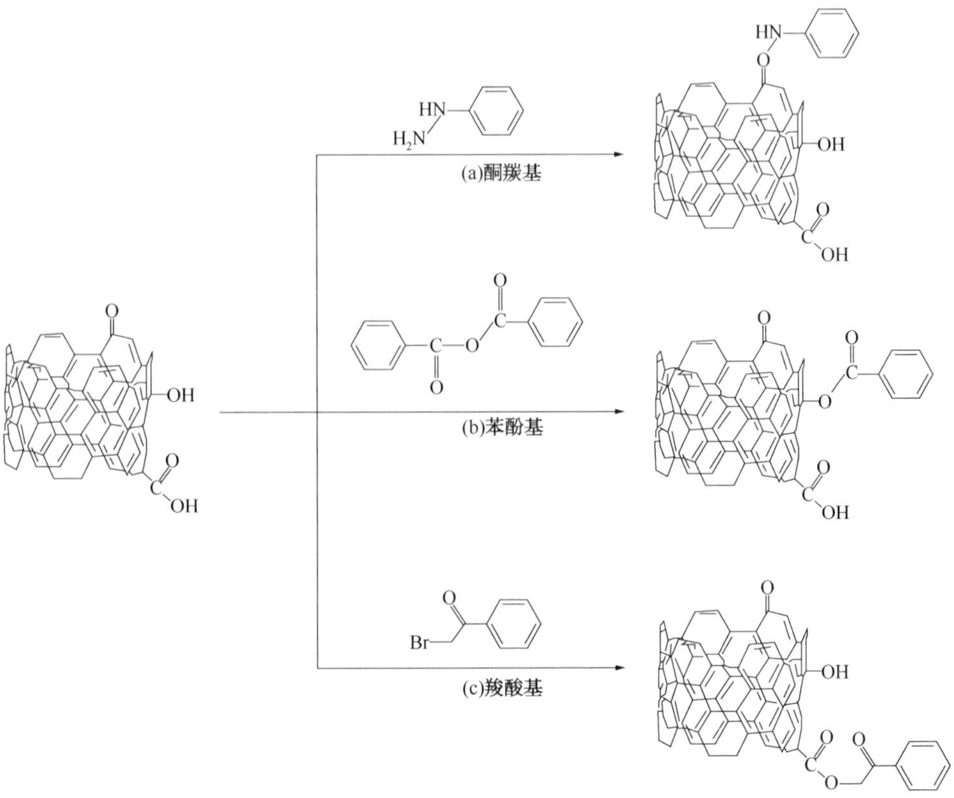

图 1-1 CNTs 上酮羰基、苯酚基和羧酸基官能团的选择性滴定方法

参 考 文 献

[1] SU D S, PERATHONER S, CENTI G. Nanocarbons for the development of advanced catalysts[J]. Chemical Reviews, 2013, 113(8): 5782-5816.

[2] FIGUEIREDO J L, PEREIRA M F R, FREITAS M M A, et al. Modification of the surface chemistry of activated carbons[J]. Carbon, 1999, 37: 1379-1389.

[3] FIGUEIREDO J L. Functionalization of porous carbons for catalytic applications[J]. Journal of Materials Chemistry A, 2013, 1(33): 9351-9364.

[4] ZHANG Y X, ZHANG J, SU D S. Substitutional doping of carbon nanotubes with heteroatoms

and their chemical applications[J]. ChemSusChem, 2014, 7: 1240-1250.

[5] FIGUEIREDO J L, PEREIRA M F R. The role of surface chemistry in catalysis with carbons[J]. Catalysis Today, 2010, 150(1/2): 2-7.

[6] ZHANG J T, QU L T, SHI G Q, et al. N, P-Codoped carbon networks as efficient metal-free bifunctional catalysts for oxygen reduction and hydrogen evolution reactions[J]. Angewandte Chemie International Edition, 2016, 55(6): 2230-2234.

[7] DAI L M, XUE Y H, QU L T, et al. Metal-free catalysts for oxygen reduction reaction[J]. Chemical Reviews, 2015, 115(11): 4823-4892.

[8] GENG D S, CHEN Y, CHEN Y G, et al. High oxygen-reduction activity and durability of nitrogen-doped graphene[J]. Energy & Environmental Science, 2011, 4(3): 760.

[9] LEDOUX M J, VIEIRA R, PHAM-HUU C, et al. New catalytic phenomena on nanostructured (fibers and tubes) catalysts[J]. Journal of Catalysis, 2003, 216(1/2): 333-342.

[10] GONG K P, DU F, XIA Z H, et al. Nitrogen-doped carbon nanotube arrays with high electrocatalytic activity for oxygen reduction[J]. Science, 2009, 323: 760-764.

[11] WANG X R, LI X L, ZHANG L, et al. N-Doping of graphene through electrothermal reactions with ammonia[J]. Science, 2009, 324: 768-771.

[12] ZHANG J, LIU X, BLUME R, et al. Surface-modified carbon nanotubes catalyze oxidative dehydrogenation of n-butane[J]. Science, 2008, 322: 73-77.

[13] PINER R, LI H F, KONG X H, et al. Graphene synthesis via magnetic inductive heating of copper substrates[J]. ACS Nano, 2013, 7: 7495-7499.

[14] CEYLAN S, FRIESE C, LAMMEL C, et al. Inductive heating for organic synthesis by using functionalized magnetic nanoparticles inside microreactors[J]. Angewandte Chemie International Edition, 2008, 47(46): 8950-8953.

[15] TESSONNIER J P, PESANT L, EHRET G, et al. Pd nanoparticles introduced inside multi-walled carbon nanotubes for selective hydrogenation of cinnamaldehyde into hydrocinnamaldehyde [J]. Applied Catalysis A: General, 2005, 288(1/2): 203-210.

[16] NIE R F, MIAO M, DU W C, et al. Selective hydrogenation of C═C bond over N-doped reduced graphene oxides supported Pd catalyst[J]. Applied Catalysis B: Environmental, 2016, 180: 607-613.

[17] YU R, LIU R, DENG J, et al. Pd nanoparticles immobilized on carbon nanotubes with a polyaniline coaxial coating for the Heck reaction: Coating thickness as the key factor influencing the

efficiency and stability of the catalyst[J]. Catalysis Science & Technology, 2018, 8(5): 1423-1434.

[18] TRUONG-HUU T, CHIZARI K, JANOWSKA I, et al. Few-layer graphene supporting palladium nanoparticles with a fully accessible effective surface for liquid-phase hydrogenation reaction[J]. Catalysis Today, 2012, 189(1): 77-82.

[19] PHAM-HUU C, KELLER N, LEDOUX M J, et al. Carbon nanofiber supported palladium catalyst for liquid-phase reactions. An active and selective catalyst for hydrogenation of C=C bonds [J]. Chemical Communications, 2000: 1871-1872.

[20] PHAM-HUU C, KELLER N, EHRET G, et al. Carbon nanofiber supported palladium catalyst an active and selective catalyst for hydrogenation of cinnamaldehyde into hydrocinnamaldehyde [J]. Journal of Molecular Catalysis A: Chemical, 2001, 170: 155-163.

[21] TIAN Z B, LIU C, LI Q Y, et al. Nitrogen-and oxygen-functionalized carbon nanotubes supported Pt-based catalyst for the selective hydrogenation of cinnamaldehyde[J]. Applied Catalysis A: General, 2015, 506: 134-142.

[22] WANG Y, RONG Z M, WANG Y, et al. Ruthenium nanoparticles loaded on functionalized graphene for liquid-phase hydrogenation of fine chemicals: Comparison with carbon nanotube [J]. Journal of Catalysis, 2016, 333: 8-16.

[23] ZHANG G Q, LI Z, ZHENG H Y, et al. Influence of the surface oxygenated groups of activated carbon on preparation of a nano Cu/AC catalyst and heterogeneous catalysis in the oxidative carbonylation of methanol[J]. Applied Catalysis B: Environmental, 2015, 179: 95-105.

[24] XU Z X, DUONG-VIET C, LIU Y F, et al. Macroscopic graphite felt containing palladium catalyst for liquid-phase hydrogenation of cinnamaldehyde[J]. Applied Catalysis B: Environmental, 2019, 244: 128-139.

[25] LUO J J, WEI H, LIU Y F, et al. Oxygenated group and structural defect enriched carbon nanotubes for immobilizing gold nanoparticles[J]. Chemical Communications, 2017, 53(95): 12750-12753.

[26] TUCI G, ZAFFERONI C, ROSSIN A, et al. Truong Phuoc Lai, Duong-Viet Cuong, Pham-Huu Cuong, Giambastiani Giuliano, Chemically functionalized carbon nanotubes with pyridine groups as easily tunable n-decorated nanomaterials for the oxygen reduction reaction in alkaline medium[J]. Chemistry of Materials, 2014, 26(11): 3460-3470.

[27] AMADOU J, CHIZARI K, HOULLÉ M, et al. N-doped carbon nanotubes for liquid-phase C=C bond hydrogenation[J]. Catalysis Today, 2008, 138(1/2): 62-68.

[28] ROLDÁN L, MARCO Y, GARCÍA-BORDEJÉ E. Origin of the excellent performance of Ru on nitrogen-doped carbon nanofibers for CO_2 hydrogenation to CH_4[J]. ChemSusChem, 2017, 10(6): 1139-1144.

[29] JIANG H Z, YU X L, NIE R F, et al. Selective hydrogenation of aromatic carboxylic acids over basic N-doped mesoporous carbon supported palladium catalysts[J]. Applied Catalysis A: General, 2016, 520: 73-81.

[30] SHI W, WU K H, XU J Y, et al. Enhanced stability of immobilized platinum nanoparticles through nitrogen heteroatoms on doped carbon supports[J]. Chemistry of Materials, 2017, 29(20): 8670-8678.

[31] HIGGINS D, HOQUE M A, SEO M H, et al. Development and simulation of sulfur-doped graphene supported platinum with exemplary stability and activity towards oxygen reduction[J]. Advanced Functional Materials, 2014, 24(27): 4325-4336.

[32] RAO R G, BLUME R, HANSEN T W, et al. Tessonnier Jean-Philippe, Interfacial charge distributions in carbon-supported palladium catalysts[J]. Nature Communications, 2017, 8(1): 340.

[33] LIU H Y, DIAO J Y, WANG Q, et al. A nanodiamond/CNT-SiC monolith as a novel metal free catalyst for ethylbenzene direct dehydrogenation to styrene[J]. Chemical Communications, 2014, 50(58): 7810-7812.

[34] TUCI G, PILASKI M, BA H, et al. Unraveling surface basicity and bulk morphology relationship on covalent triazine frameworks with unique catalytic and gas adsorption properties[J]. Advanced Functional Materials, 2017, 27(7): 1605672.

[35] LIU L, ZHU Y P, SU M, et al. Metal-free carbonaceous materials as promising heterogeneous catalysts[J]. ChemCatChem, 2015, 7(18): 2765-2787.

[36] QI W, SU D S. Metal-free carbon catalysts for oxidative dehydrogenation reactions[J]. ACS Catalysis, 2014, 4(9): 3212-3218.

[37] QI W, LIU W, ZHANG B S, et al. Oxidative dehydrogenation on nanocarbon: Identification and quantification of active sites by chemical titration[J]. Angewandte Chemie International Edition, 2013, 52(52): 14224-14228.

[38] QI W, LIU W, GUO X L, et al. Oxidative dehydrogenation on nanocarbon: Intrinsic catalytic

activity and structure-function relationships[J]. Angewandte Chemie International Edition, 2015, 54(46): 13682-13685.

[39] DELGADO J J, SU D S, REBMANN G, et al. Immobilized carbon nanofibers as industrial catalyst for ODH reactions[J]. Journal of Catalysis, 2006, 244(1): 126-129.

[40] PEREIRA M F R, ÓRFÃO J J M, FIGUEIREDO J L. Oxidative dehydrogenation of ethylbenzene on activated carbon catalysts. Ⅰ. Influence of surface chemical groups[J]. Applied Catalysis A: General, 1999, 184: 153-160.

[41] FRANK B, ZHANG J, BLUME R, et al. Heteroatoms increase the selectivity in oxidative dehydrogenation reactions on nanocarbons[J]. Angewandte Chemie International Edition, 2009, 48(37): 6913-6917.

[42] HUANG R, XU J Y, WANG J, et al. Oxygen breaks into carbon nanotubes and abstracts hydrogen from propane[J]. Carbon, 2016, 96: 631-640.

[43] SUI Z J, ZHOU J H, DAI Y C, et al. Oxidative dehydrogenation of propane over catalysts based on carbon nanofibers[J]. Catalysis Today, 2005, 106(1/2/3/4): 90-94.

[44] SCHWARTZ V, XIE H, MEYER H M, et al. Oxidative dehydrogenation of isobutane on phosphorous-modified graphitic mesoporous carbon[J]. Carbon, 2011, 49(2): 659-668.

[45] BA H, TRUONG-PHUOC L, LIU Y F, et al. Hierarchical carbon nanofibers/graphene composite containing nanodiamonds for direct dehydrogenation of ethylbenzene[J]. Carbon, 2016, 96: 1060-1069.

[46] BA H, LIU Y F, MU X K, et al. Macroscopic nanodiamonds/β-SiC composite as metal-free catalysts for steam-free dehydrogenation of ethylbenzene to styrene[J]. Applied Catalysis A: General, 2015, 499: 217-226.

[47] BA H, LIU Y F, TRUONG-PHUOC L, et al. N-Doped Food-Grade-Derived 3D Mesoporous Foams as Metal-Free Systems for Catalysis[J]. ACS Catalysis, 2016, 6(3): 1408-1419.

[48] ZHANG J, SU D S, BLUME R, et al. Surface chemistry and catalytic reactivity of a nanodiamond in the steam-free dehydrogenation of ethylbenzene[J]. Angewandte Chemie International Edition, 2010, 49(46): 8640-8644.

[49] LIU L, DENG Q F, LIU Y P, et al. HNO_3-activated mesoporous carbon catalyst for direct dehydrogenation of propane to propylene[J]. Catalysis Communications, 2011, 16(1): 81-85.

[50] WANG J, HUANG R, FENG Z B, et al. Multi-walled carbon nanotubes as a catalyst for gas-phase oxidation of ethanol to acetaldehyde[J]. ChemSusChem, 2016, 9(14): 1820-1826.

[51] SOUSA J P S, PEREIRA M F R, FIGUEIREDO J L. Catalytic oxidation of NO to NO_2 on N-doped activated carbons[J]. Catalysis Today, 2011, 176(1): 383-387.

[52] SOUSA J P S, PEREIRA M F R, FIGUEIREDO J L. NO oxidation over nitrogen doped carbon xerogels[J]. Applied Catalysis B: Environmental, 2012, 125: 398-408.

[53] MOCHIDA I, KORAI Y, SHIRAHAMA M, et al. Removal of SO_x and NO_x over activated carbon fibers[J]. Carbon, 2000, 38: 227-239.

[54] CHIZARI K, DENEUVE A, ERSEN O, et al. Nitrogen-doped carbon nanotubes as a highly active metal-free catalyst for selective oxidation[J]. ChemSusChem, 2012, 5(1): 102-108.

[55] DUONG-VIET C, LIU Y F, BA H, et al. Carbon nanotubes containing oxygenated decorating defects as metal-free catalyst for selective oxidation of H_2S[J]. Applied Catalysis B: Environmental, 2016, 191: 29-41.

[56] LIU Y F, DUONG-VIET C, LUO J J, et al. One-pot synthesis of a nitrogen-doped carbon composite by electrospinning as a metal-free catalyst for oxidation of H_2S to sulfur[J]. ChemCatChem, 2015, 7(18): 2957-2964.

[57] XU Z X, DUONG-VIET C, BA H, et al. Gaseous nitric acid activated graphite felts as hierarchical metal-free catalyst for selective oxidation of H_2S[J]. Catalysts, 2018, 8: 145-162.

[58] TENG H, TU Y T, LAI Y C, et al. Reduction of NO with NH_3 over carbon catalysts The effects of treating carbon with H_2SO_4 and HNO_3[J]. Carbon, 2001, 39: 575-582.

[59] SZYMAŃSKI G S, GRZYBEK T, PAPP H. Influence of nitrogen surface functionalities on the catalytic activity of activated carbon in low temperature SCR of NO_x with NH_3[J]. Catalysis Today, 2004, 90(1/2): 51-59.

[60] MATOS I, NEVES P D, CASTANHEIRO J E, et al. Mesoporous carbon as an efficient catalyst for alcoholysis and aminolysis of epoxides[J]. Applied Catalysis A: General, 2012, 439/440: 24-30.

[61] BUDARIN V L, CLARK J H, LUQUE R, et al. Tunable mesoporous materials optimised for aqueous phase esterifications[J]. Green Chemistry, 2007, 9(9): 992.

[62] BUDARIN V L, CLARK J H, LUQUE R, et al. Versatile mesoporous carbonaceous materials for acid catalysis[J]. Chemical Communications, 2007, (6): 634-636.

[63] LUQUE R, BUDARIN V, CLARK J H, et al. Starbon ® acids in alkylation and acetylation reactions: Effect of the brönsted-lewis acidity[J]. Catalysis Communications, 2011, 12(15): 1471-1476.

[64] LIANG X Z, LI C Q, QI Z. Novel carbon-based strong acid catalyst from starch and its catalytic activities for acetalization[J]. Journal of Materials Science, 2011, 46(16): 5345-5349.

[65] MA Z L, DOU S, SHEN A L, et al. Sulfur-doped graphene derived from cycled lithium-sulfur batteries as a metal-free electrocatalyst for the oxygen reduction reaction[J]. Angewandte Chemie International Edition, 2015, 54(6): 1888-1892.

[66] ITO Y, CONG W T, FUJITA T, et al. High catalytic activity of nitrogen and sulfur co-doped nanoporous graphene in the hydrogen evolution reaction[J]. Angewandte Chemie International Edition, 2015, 54(7): 2131-2136.

[67] TANG C, WANG H F, CHEN X, et al. Topological defects in metal-free nanocarbon for oxygen electrocatalysis[J]. Advanced Materials, 2016, 28(32): 6845-6851.

[68] TUCI G, ZAFFERONI C, D'AMBROSIO P, et al. Tailoring carbon nanotube *n*-dopants while designing metal-free electrocatalysts for the oxygen reduction reaction in alkaline medium[J]. ACS Catalysis, 2013, 3(9): 2108-2111.

[69] ZHOU K, LI B, ZHANG Q, et al. The catalytic pathways of hydrohalogenation over metal-free nitrogen-doped carbon nanotubes[J]. ChemSusChem, 2014, 7(3): 723-728.

[70] FENG L Y, YAN Y Y, CHEN Y G, et al. Nitrogen-doped carbon nanotubes as efficient and durable metal-free cathodic catalysts for oxygen reduction in microbial fuel cells[J]. Energy & Environmental Science, 2011, 4(5): 1892.

第 2 章　结构碳材料及其合成

2.1　结构碳材料和粉末状碳材料

目前文献报道的 CMs，如活性炭、有序介孔碳、碳纳米管/纳米纤维和石墨烯等，大多数都以粉末状形式存在。由于这些粉末状碳基材料所负载的金属催化剂与液相反应介质具有较大的接触表面，所以主要被用于液相反应。然而，这些粉末状 CMs 在实际催化应用和催化剂回收中都很难操作处理，因为处理这类粉末物质的回收都需要高效且耗时耗能的过滤步骤。此外，粉末催化剂并不能被有效地用于气相反应，因为其在催化剂床层上会产生较大的压降（见图 2-1），从而造成能耗增大，并导致流体分布不稳定和副反应失控。在液相反应中，粉末状样品和反应完成后的液体产物的分离过程比较麻烦。不仅液相过滤步骤需要耗费较多的能源和时间，即使使用高性能的过滤设备，催化剂回收也并不完整。同时，在液相反应的搅拌和催化剂回收过程中，搅拌叶轮的剧烈旋转混合将使其在液体介质中不可避免地与粉末催化剂发生机械碰撞，导致细颗粒催化剂的磨损以及其内部活性相的损失，从而进一步加剧液相产物和粉末催化剂分离的困难。此外，粉末状 CMs，尤其是纳米和亚微米尺寸的 CMs，在没有任何保护措施的情况下，可能对操作员造成慢性呼吸道损伤，并且还会给搬运和运输带来问题。

因此，使用结构碳材料可以解决上述粉末状碳材料在用于相关气相、液相催化反应时遇到的问题。这类结构碳基复合材料能够较为容易地运输、操作处理，并具有简易的回收设施，特别是在液相反应的情况下。而在气相操作下的催化剂床层上结构碳材料也能够表现出更低的压降，并且当被用作催化剂载体或直接作为非金属碳催化剂使用时，金属或非金属活性相在反应过程中与反应物的可接近性也较高。此外，这些结构化的碳基催化剂载体和非金属催化剂的物理化学性质还可以根据下游的实际应用进行精细的调整，如孔隙体积和孔径、尺寸、特殊定制的非金属活性相涂层等。同时，结构化的催化剂还可以缩短反应过程中中间产物的停留时间，从而显著地提高催化工艺的选择性。

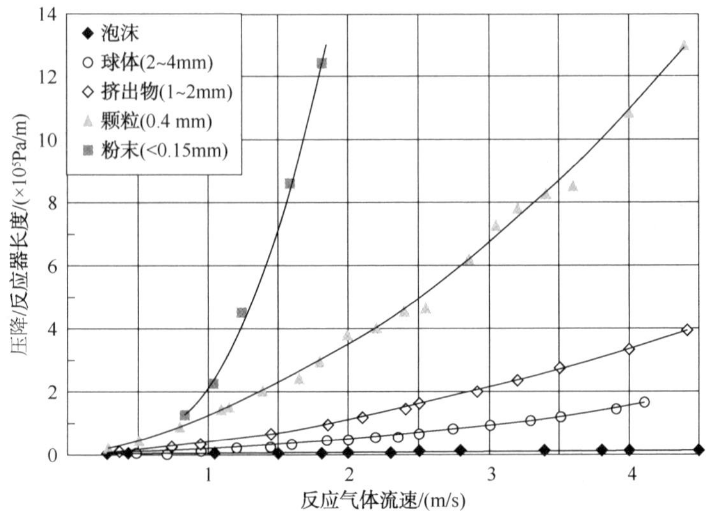

图 2-1　不同形状的结构催化剂载体在气相反应固定床反应器中不同反应气体流速时的压降变化

2.2　结构碳材料的合成

结构碳材料的制备有以下常见的策略：一是将粉末状已经合成好的 CMs，如 CNTs 和/或薄层石墨烯(few-layer graphene)等，通过使用聚合黏合剂使其交联制成不同的宏观形状，然后通过高温处理使聚合黏合剂碳化从而形成特定形状的结构碳材料；二是 Liu 等开发了一种低温化学熔融(low temperature chemical fusion，LTCF)方法来合成尺寸和形状可控的自宏观化 CNTs 泡沫。在此过程中，CNTs 被用作最终得到的结构载体的碳骨架。如图 2-2(a)~(d)所示，将 CNTs 与葡萄糖(作为碳源)、柠檬酸(作为羧基供体与葡萄糖中的羟基进行反应发生预聚合过程)和碳酸铵(作为造孔剂)进行物理混合。将得到的混合物进行不同的热处理工艺，以生成 CNTs 泡沫碳基非金属结构催化剂。通过改变作为造孔剂的碳酸铵[$(NH_4)_2CO_3$]浓度，可以精细地调整最终结构材料中的 3D 孔结构和孔径分布。如图 2-2(e)和(f)所示，这些 CNTs 泡沫可进一步在废水处理领域中被成功地用于有机化合物的选择性去除。CNTs 泡沫结构碳材料所吸附的有机化合物可通过蒸馏过程进行回收，同时该结构碳材料吸附剂在吸附/脱附回收实验过程中表现出了较高的循环稳定性。

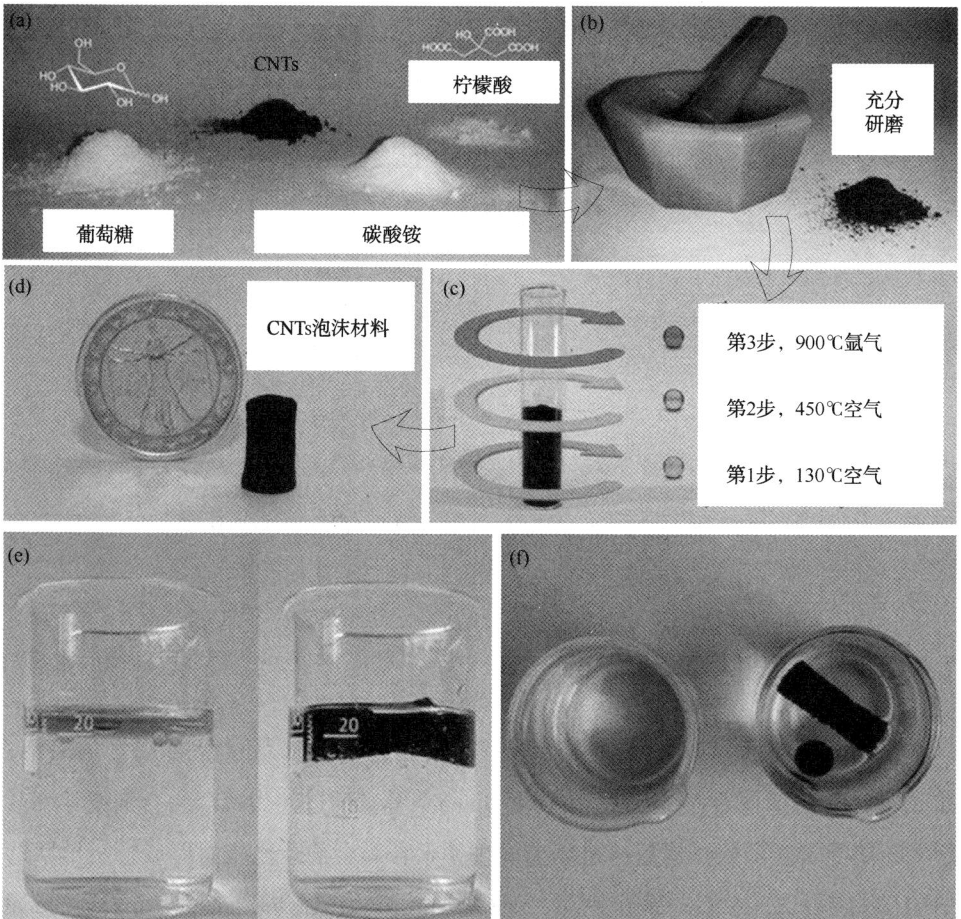

图 2-2 (a)~(d)用于合成多孔 CNTs 泡沫结构碳材料的 LTCF 方法的图解，以及显示 CNTs 泡沫吸附甲苯的(e)和(f)照片(为了便于可见，甲苯被二茂铁着色)

相同的合成方法被Ba等用于合成掺氮泡沫碳，该泡沫碳在多种催化反应过程中作为非金属催化剂使用。N掺杂的碳相围绕着互相交织在一起的CNTs网络生长，并表现出相对较高的孔隙率以便于反应物进入。通过调整作为造孔剂的碳酸铵用量，可以较为容易地控制最终材料的3D形状，使其相对于传统的粉末状的掺氮CNTs在气相反应过程中能够更加有效地被用作非金属催化剂，而后者主要会遇到压降高、运输和处理困难等问题。这种3D非金属碳复合物在液相电化学ORR和气相乙苯无蒸汽直接脱氢(direct dehydrogenation，DDH)生成苯乙烯等反应中均表现出优异的催化性能。构建具有3D分层结构的碳复合材料的另一种方法是，在具有规则结构的宏观衬底材料上原位生长纯粹的或者杂原子掺杂的纳米碳。

Shen等报道了一种简单的策略(见图2-3)，用于制造由垂直排列的碳纳米纤维(carbon nanofibers，CNFs)阵列组成的三维多层次结构，这些CNFs阵列被固定在宏观石墨毡(graphite felt，GF)支架上形成最终的CNFs/GF材料。通过改变化学气相沉积(chemical vapor deposition，CVD)法的合成参数，可以方便地调整包括孔结构、比表面积、孔隙率和密度等在内的CNFs/GF单体的物理化学性质。结果表明，所制备的CNFs/GF单体可以被成功地用作先进的吸附剂，可用于去除水溶液中的各种污染物，包括各种油污、Pb^{2+}离子、有机溶剂和刚果红等。

Duong-Viet等报道了用CVD法合成的由氮掺杂碳纳米管修饰的碳化硅(N-CNTs/SiC)宏观主体结构组成的分层非金属催化剂。N-CNTs是以Fe为生长催化剂，$C_2H_6/NH_3/H_2$为气体反应物合成的。N-CNTs/SiC可以在不同形状的SiC宏观主体结构上合成，如球团、泡沫等。这使得该材料在具有固定床配置的工业反应器中被有效地用作非金属催化剂(见图2-4)，并减少N-CNTs纳米碳基催化剂遇到的与催化剂运输、处理和催化剂床层压降相关的问题。合成的分层复合物材料表现出较高的有效表面积，以及与N-CNTs/SiC中CNTs纳米尺寸相关联的较短的反应物扩散距离。与Fe_2O_3/SiC催化剂相比，N-CNTs/SiC非金属催化剂在固定床反应器H_2S选择性氧化为元素硫的反应中表现出较高的催化性能。

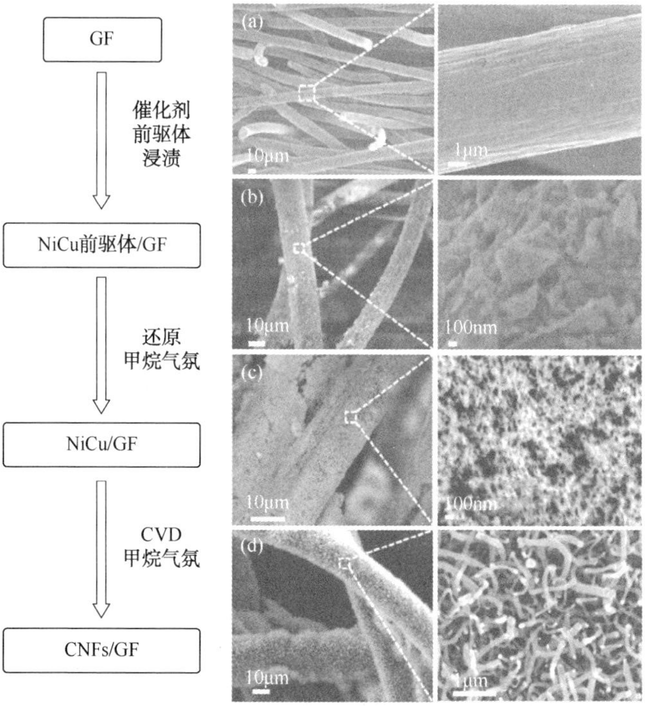

图 2-3　3D 分层结构的 CNFs/GF 复合材料的制备步骤和
不同制备阶段样品相应的扫描电镜显微照片

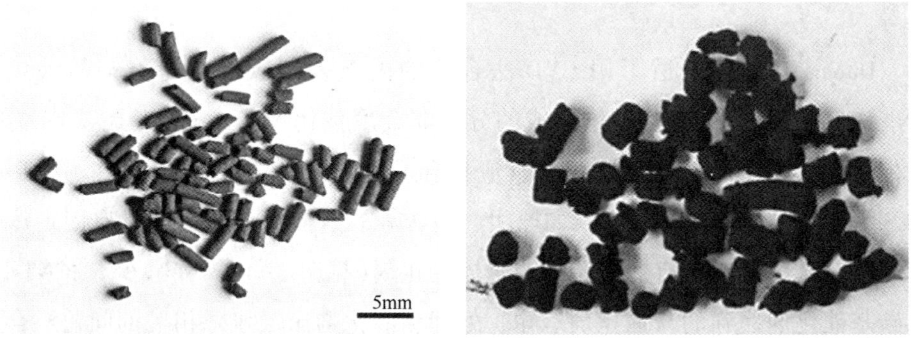

(a)　　(b)

图 2-4　SiC 在 750℃下进行的原位合成 N-CNTs 之前(a)和之后(b)的数字照片，
表明由于合成的高表面积/体积比的 N-CNTs，催化剂的表观体积显著增加

Viera 等使用不同尺寸和形状的宏观 GF 作为碳材料主体结构，合成了分层的碳基复合材料。在宏观载体上沉积 Ni 后，以 C_2H_6和 H_2 的混合物为原料，采用

CVD 法成功地合成了 CNFs。选择合适的金属负载量(≤1%的质量分数)足够高以生产相对大量的 CNFs，并足够低以避免进一步净化的需要。

此外，需要注意的是，在合成过程结束后，Ni 颗粒被 CNFs 或一些非晶碳层完全包裹，因此，在宏观复合材料的进一步催化应用中，这些 Ni 颗粒无法被反应物接近。与原始宏观 GF 相比，CNFs 的形成不仅增加了复合材料的比表面积，而且如图 2-5(a)所示提高了其机械强度。如图 2-5(b)所示，所获得的 CNFs/GF 复合材料具有不同的宏观形状、尺寸和微观结构，使得这种材料在传统催化工艺中的应用更加可靠。

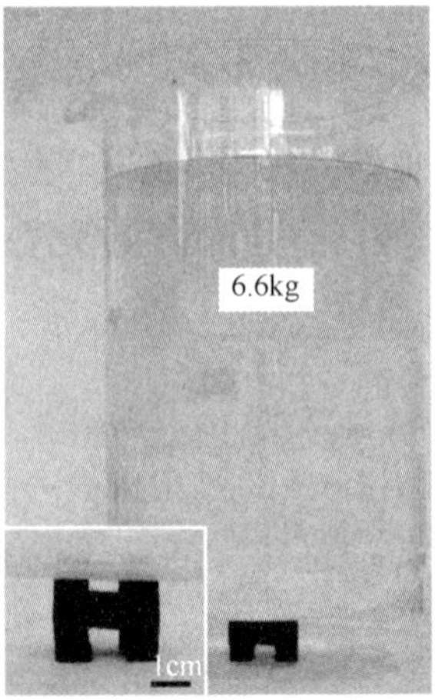

(a)

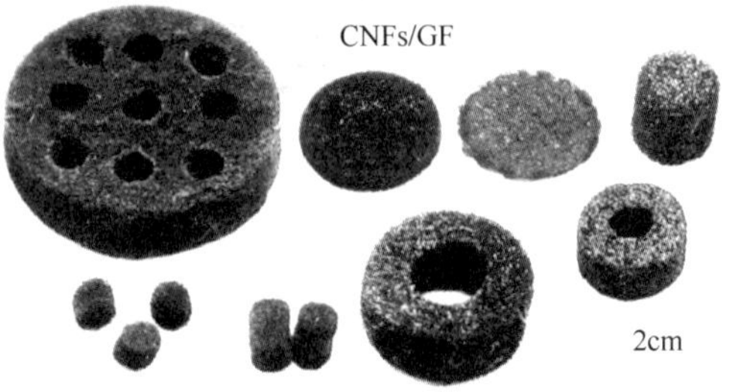

(b)

图 2-5 (a)照片显示在 GF 上形成的 CNFs 复合材料可以承受约 2300 倍其自身重量的载荷而不会断裂和(b)在 Ni/GF 和 C_2H_6/H_2 混合物上通过 CVD 法合成的具有不同宏观形状、尺寸和微观结构的 CNFs/GF 复合材料

采用相同的合成方法，还可以制备具有活性物种修饰的宏观碳主体结构，

作为液相反应中的催化搅拌器。Mu 等采用 CVD 法制备了由在泡沫镍上原位生长的 CNTs 组成的结构化的碳纳米管基催化剂。在合成过程中，首先通过连续浸渍干燥煅烧工艺制备出包覆所需数量的多孔 Al_2O_3 阻挡层的泡沫镍。多孔 Al_2O_3 层可以促进泡沫镍表面镍纳米粒子的形成，在下一步的 CVD 制备过程中，镍纳米粒子将作为 CNTs 原位生长的催化剂。此外，在液相反应过程中，表面氧化铝层还可以保护泡沫镍不接触反应物从而不参与反应。如图 2-6 所示，所得结构化的 CNTs/Al_2O_3/Ni 泡沫可用作非金属催化剂和旋转泡沫搅拌浆反应器（rotating foam stirrer reactor，RFSR）中的机械搅拌器，用于异丙苯的有氧氧化反应生成过氧化氢异丙苯。与浆态反应器中的商用 CNTs 相比，具有催化作用的搅拌器可实现更高的异丙苯转化率，这可能是由于搅拌使得反应物在催化剂搅拌器表面高度混合。通过进行 5 次循环试验得到的结果表明催化剂能够保持其反应性能，从而证实了其相对较高的催化稳定性。

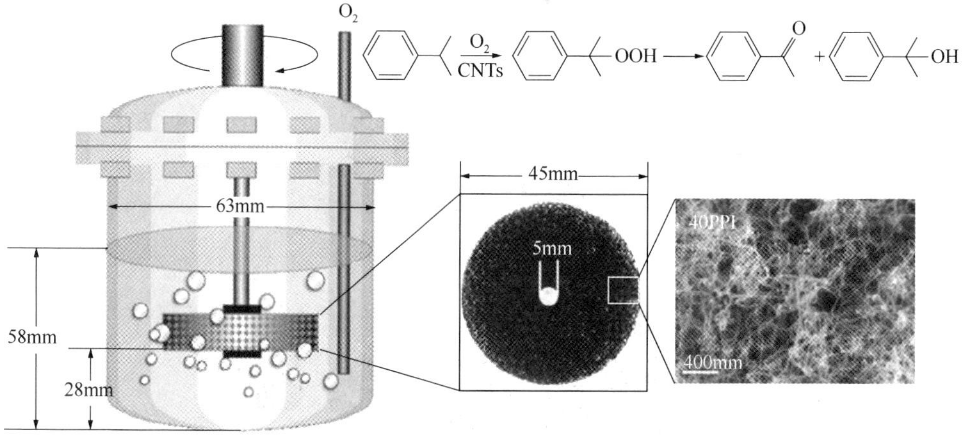

图 2-6　CNTs/Al_2O_3/Ni 泡沫作为液相异丙苯氧化反应的 RFSR 中的具有催化作用的搅拌器示意

然而，需要注意的是，在 CVD 合成过程中，生长的纳米碳将逐渐填充整体式载体的内部空间，最终导致基质结构的破坏或反应物可接近性的降低。因此，可以沉积到宏观主体结构上的纳米碳数量有一个上限。同时，纳米碳与载体之间的相互作用以及它们之间的界面还未得到很好的研究，而这些可能是控制最终合成复合材料的导电性和导热性的关键因素。另一种策略是在不使用任何基质的情况下制造自立支撑的碳气凝胶。Zhao 等合成了一种具有多孔结构的 3D 氮掺杂石墨烯气凝胶用于负载 PtRu 纳米粒子（N-GA/PtRu）。这种 N-GA/PtRu 杂化物直接用作甲醇燃料电池的阳极时，具有很高的催化性能。在合成具有 3D 结构的 N-GA 时，首先将石墨烯氧化物水溶液与 $NH_3 \cdot H_2O$ 混合，通过在 180℃下加热混合溶液 12h 形成 N 掺杂石墨烯后，将用超纯水透析产物在-53℃和-30Pa 下冷冻干燥 12h，以生成 3D 结构的 N-GA。

Yang 等以木质素颗粒稳定的 Pickering 水包油高内相乳液为基础，制备了三聚氰胺-甲醛聚合物（melamine formaldehyde polymer，MFP）气凝胶。在氮气高温下热解后，PMF 气凝胶被转化为具有高度多孔结构和优异耐火性能的富氮碳（nitrogen-rich carbon，NRC）气凝胶（见图 2-7）。这种 NRC 气凝胶能够高效分离废水中的油类和有机污染物。

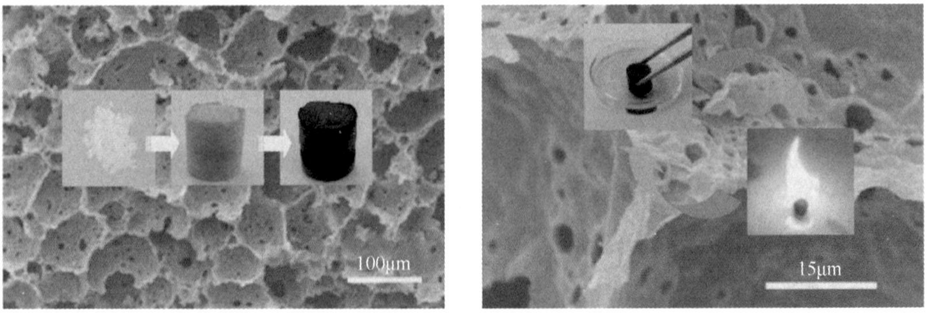

图 2-7 用于去除水中石油污染物的富氮的和耐火的碳气凝胶

总之，可通过不同的合成方法制备分层的纳米碳修饰的宏观主体结构复合材料，由此为工业应用提供具有可控的宏观形状的催化剂载体或者催化剂。这些分层的结构碳复合材料在许多下游应用中表现出相对较高的机械强度、导电性和导热性以及可调的孔隙率。然而，这些分层的结构碳复合材料的合成却并不简单，需要较高的温度或者较为复杂的化学步骤，同时还会在合成过程中产生大量有害的废料或副产物，由此在合成后还需要烦琐的后处理过程。因此，找到一种新的方法，通过用一种简单的合成工艺生产分层的结构化的碳基催化剂载体或催化剂，就引起了科研工作者的广泛兴趣。在众多不同的候选材料中，商业生产的碳毡/石墨毡被视为可以满足上述要求可供选择的原始碳材料，并且商用碳毡/石墨毡还可以在多种催化工艺中替代纳米碳修饰的基体复合材料来使用。

2.3 碳毡/石墨毡

商业化生产的碳毡/石墨毡(carbon felt/graphite felt，CF/GF)是由碳微丝纤维制成的分层结构(见图 2-8)。通常，CF/GF 制造中最常用的前体有两种类型，即聚丙烯腈(polyacrylonitrile，PAN)和人造丝。碳质毡材料是通过碳前驱体的热处理来制备的，在热处理过程中去除有机和挥发性化合物，从而留下具有不同孔隙率和比表面积的固体碳。石墨毡是由碳毡在真空或惰性气氛下在高温中进行额外的石墨化后制成的。碳毡的加工温度为 1200~1600℃，而石墨毡的处理温度为 2000~2600℃。如图 2-8 和图 2-9 所示，CF/GF 表现出类似的形态和微观结构。与碳毡相比，石墨毡仅有的区别在于其比表面积和孔隙率较低，同时其抗氧化性较高，这些都是由于更高温度的退火工艺处理造成的。

图 2-8　不同放大倍数下(a)和(b)碳毡(Johnson Matthey 公司，德国，厚度 1.27cm)与(c)和(d)石墨毡(SGL 公司，GFD 2.5，厚度 2.8mm)的扫描电镜图像

(a)碳毡　　(b)石墨毡

图 2-9　商业化生产的碳毡和石墨毡的典型形状

（来自 CeraMaterials 公司的产品信息）

由于石墨毡具有较高的热阻以及易于成型以应对其应用，因此经常被用作工业高温炉的隔热墙。在这种应用中，具有高空隙率和低热传导的石墨毡材料也可作为高温炉内部和炉壁之间的温度屏障来使用。CF/GF 也常用作各种氧化还原液流电池（redox flow batteries，RFB）设计中的电极衬垫，包括钒氧化还原液流电池（vanadium redox flow batteries，VRFBs）和通过电化学高级氧化工艺（electro-chemical advanced oxidation processes，EAOPs）进行的废水处理。CF/GF 具有高导电性、高纯度、高的有效表面积和孔隙率等特点，能够提供丰富的氧化还原反应位点，同时其成本相对较低，再加上化学惰性使其非常符合流动电池开发的苛刻设计标准。然而，CF/GF 也有一些缺点，这些缺点与它们在水溶液中的润湿性和电化学活性不足有关，这是因为它们的表面具有疏水性（见图 2-10），并且其还原和氧化反应动力学较差。因此当它们被用作电极时，这些缺点在一定程度上降低了原始的未经改性的 CF/GF 的性能。

为了使 CF/GF 电极活性更高，多种在不同条件下运行的改性工艺被用来处理和修饰 CF/GF。Zhang 等报道了一种简单有效使用 KOH 作为化学蚀刻剂进行石墨毡活化的方法，并研究了 KOH 蚀刻的 GF 作为钒液流电池（vanadium flow battery，VFB）电极的性能。蚀刻处理后，GF 上生成的微孔和含氧官能团改善了 GF 的润湿性和电解质可接近性，从而获得更好的电化学活性和 VFB 性能。

He 等开发了一种新方法以通过氟化氢蚀刻和过氧化氢氧化相结合的方式对 GF 进行改性（见图 2-11）。经过 HF 表面蚀刻以及在 H_2O_2 存在下的氧化过程中引入含氧官能团后，GF表面传质以及电极过程得到显著改善。处理后的GF样品在钒液流氧化还原电池测试中表现出增强的电化学性能和提高的储能能力。

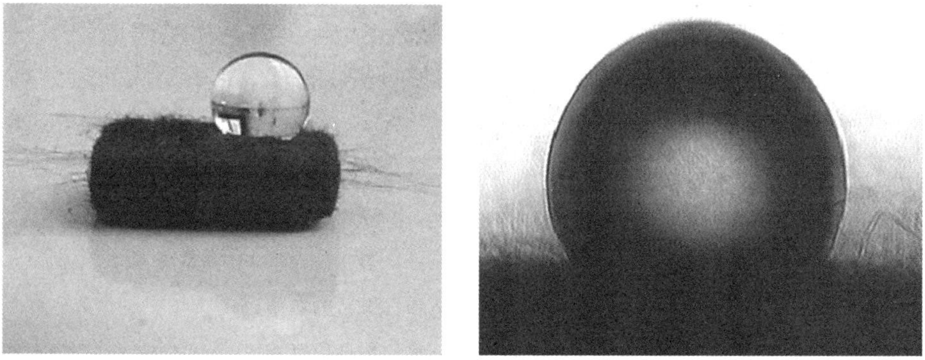

(a) (b)

图2-10 (a)石墨毡(SGL公司GFD 2.5，厚度2.8mm)和(b)碳毡(Johnson Matthey公司，德国，厚度1.27cm)上的水滴形状，证实了这两种材料的高疏水性

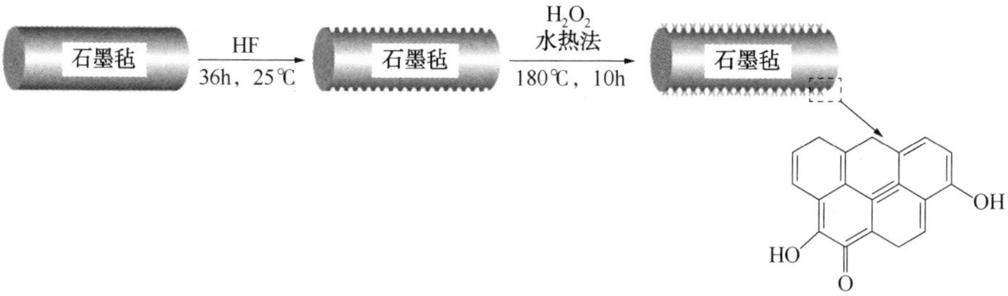

图2-11 石墨毡的HF/H_2O_2处理改性工艺示意

Wu等采用水热氨化处理工艺对钒液流电池用聚丙烯腈基GF进行了改性。通过在180℃下对GF进行不同时间的处理，当将处理时间调整为15h时，GF中含氮基团的氮含量能够达到5.3%。研究表明，GF表面的极性含氮基团浓度的增加能够促进电极与钒离子之间的电荷转移，这可能是处理后GF的电化学性能提高的原因。

尽管CF/GF作为电化学应用中的电极受到越来越多的关注，但关于其催化应用的报道却很少。经过化学处理的碳毡材料具有孔隙率高、导电率高、价格低、比表面积大以及包含不同的活性中心(包括官能团和杂原子掺杂剂)等优点，这些不仅有助于改善碳毡基材料的电化学性能，而且使其成为催化领域优良的候选材料。

参 考 文 献

[1] TRUONG-PHUOC L, TRUONG-HUU T, NGUYEN-DINH L, et al. Silicon carbide foam decorated with carbon nanofibers as catalytic stirrer in liquid-phase hydrogenation reactions[J]. Applied Catalysis A: General, 2014, 469: 81-88.

[2] BA H, LIU Y F, MU X K, et al. Macroscopic nanodiamonds/β-SiC composite as metal-free catalysts for steam-free dehydrogenation of ethylbenzene to styrene[J]. Applied Catalysis A: General, 2015, 499: 217-226.

[3] LIU Y F, BA H, NGUYEN D L, et al. Synthesis of porous carbon nanotubes foam composites with a high accessible surface area and tunable porosity[J]. Journal of Materials Chemistry A, 2013, 1(33): 9508.

[4] BA H, LIU Y F, TRUONG-PHUOC L, et al. N-doped food-grade-derived 3d mesoporous foams as metal-free systems for catalysis[J]. ACS Catalysis, 2016, 6(3): 1408-1419.

[5] DELGADO J J, SU D S, REBMANN G, et al. Immobilized carbon nanofibers as industrial catalyst for ODH reactions[J]. Journal of Catalysis, 2006, 244(1): 126-129.

[6] SHEN Y, LI L, XIAO K J, et al. Constructing three-dimensional hierarchical architectures by integrating carbon nanofibers into graphite felts for water purification[J]. ACS Sustainable Chemistry & Engineering, 2016, 4(4): 2351-2358.

[7] DUONG-VIET C, TRUONG-P L, TRAN-THANH T, et al. Nitrogen-doped carbon nanotubes decorated silicon carbide as a metal-free catalyst for partial oxidation of H_2S[J]. Applied Catalysis A: General, 2014, 482: 397-406.

[8] VIEIRA R, LEDOUX M J, PHAM-HUU C. Synthesis and characterisation of carbon nanofibres with macroscopic shaping formed by catalytic decomposition of C_2H_6/H_2 over nickel catalyst[J]. Applied Catalysis A: General, 2004, 274(1/2): 1-8.

[9] PHAM-HUU C, LEDOUX MARC-J. Carbon nanomaterials with controlled macroscopic shapes as new catalytic materials[J]. Topics in Catalysis, 2006, 40(1/2/3/4): 49-63.

[10] MU C L, HUANG K T, CHENG T Y, et al. Ni foams decorated with carbon nanotubes as catalytic stirrers for aerobic oxidation of cumene[J]. Chemical Engineering Journal, 2016, 306: 806-815.

[11] ZHAO S L, YIN H J, DU L, et al. Three dimensional N-doped graphene/PtRu nanoparticle hybrids as high performance anode for direct methanol fuel cells[J]. Journal of Materials Chem-

istry A, 2014, 2(11): 3719.

[12] YANG Y, TONG Z, NGAI T, et al. Nitrogen-rich and fire-resistant carbon aerogels for the removal of oil contaminants from water[J]. ACS Applied Materials & Interfaces, 2014, 6(9): 6351-6360.

[13] FRANK E, STEUDLE L M, INGILDEEV D, et al. Carbon fibers: Precursor systems, processing, structure, and properties[J]. Angewandte Chemie International Edition, 2014, 53(21): 5262-5298.

[14] SMITH R E G, DAVIES T J, BAYNES N B, et al. The electrochemical characterisation of graphite felts[J]. Journal of Electroanalytical Chemistry, 2015, 747: 29-38.

[15] HUONG L T X, BECHELANY M, CRETIN M. Carbon felt based-electrodes for energy and environmental applications: A review[J]. Carbon, 2017, 122: 564-591.

[16] LE T X H, BECHELANY M, LACOUR S, et al. High removal efficiency of dye pollutants by electron-Fenton process using a graphene based cathode[J]. Carbon, 2015, 94: 1003-1011.

[17] http: //www. ceramaterials. com/graphitecarbonfelt. html.

[18] PARK J J, PARK J H, PARK O O, et al. Highly porous graphenated graphite felt electrodes with catalytic defects for high-performance vanadium redox flow batteries produced via NiO/Ni redox reactions[J]. Carbon, 2016, 110: 17-26.

[19] THI X H, CHARMETTE C, BECHELANY M, et al. Facile preparation of porous carbon cathode to eliminate paracetamol in aqueous medium using electro-fenton system[J]. Electrochimica Acta, 2016, 188: 378-384.

[20] ZHANG Z Y, XI J Y, ZHOU H P, et al. KOH etched graphite felt with improved wettability and activity for vanadium flow batteries[J]. Electrochimica Acta, 2016, 218: 15-23.

[21] HE Z X, JIANG Y Q, MENG W, et al. HF/H_2O_2 treated graphite felt as the positive electrode for vanadium redox flow battery[J]. Applied Surface Science, 2017, 423: 111-118.

[22] WU T, HUANG K L, LIU S Q, et al. Hydrothermal ammoniated treatment of PAN-graphite felt for vanadium redox flow battery[J]. Journal of Solid State Electrochemistry, 2011, 16(2): 579-585.

第3章　结构碳材料的表面物理化学性质

在催化反应中，大多数反应都发生在催化剂表面，因为反应物是在表面被吸附的。因此，无论是作为非金属催化剂还是作为催化剂载体，CMFs 表面的物理化学性质都至关重要。同时，碳基材料表面的物理化学性质与其功能化、多孔结构和表面缺陷等密切相关。CMFs 的表面功能化，包括在表面接枝官能团，如不同种类的含氧基团，或者是掺杂到碳框架中的杂原子(如 N、S 和 P 等)，将不仅在碳负载金属催化剂上引入金属纳米粒子的锚定位点，而且还将为非金属碳基催化过程带来可以进行催化反应的活性中心。CMFs 的多孔结构也严重影响其催化性能。通过化学活化过程产生的高比表面积将增加活性中心的分散性，并且在随后的反应过程中能够稳定这些活性中心以抑制其烧结的过程。还需要注意的是，碳表面和金属活性相之间的相互作用主要由静电或弱的相互作用构成，而不是像 Al_2O_3 和其他氧化物载体通常观察到的那样通过化学的相互作用。这种相互作用相对较弱，因此，在中间热处理过程中将金属前驱体转化为相应的活性相时，会抑制化学稳定相的形成，而这些活性相不能被进一步还原，从而导致催化性能下降。均匀有序的介孔结构还可以通过载体的限域效应来提高金属 NPs 的热稳定性，从而抵抗其烧结和聚集。此外，载体孔径的修饰能够影响反应物分子的吸附和解吸及扩散，从而有助于在造成选择性丧失的源头减少副反应的发生，因此，可以改变催化反应的转化率和选择性。结构缺陷会导致碳材料上的电荷重新分布，使缺陷位点及其外围与反应物分子相互作用参与到反应进程中。综上所述，碳基材料并非惰性的载体，其能够在所负载的活性组分的稳定过程中发挥积极作用。

3.1 表面官能团和杂原子掺杂剂

尽管 CMs 已经被证明具有许多有益的特性(如 CF/GF 的毡状结构)，从而被应用于催化领域。但未经任何修饰的原始 CMs 的催化应用仍因其缺点而受到限制，如其惰性表面导致与所沉积的金属活性相的不良的相互作用。事实上，在使用原始 CF/GF 载体的情况下，CMs 的惰性表面会与金属 NPs 形成弱的相互作用，导致这些 NPs 在反应条件下烧结和/或聚集，或者在液相反应中浸出，所有这些缺点都会导致催化剂寿命缩短。此外，由于缺乏吸附反应物分子的活性中心，非活性的 CMs 不能直接用作催化剂。因此，通过在 CMs 表面进行官能团接枝或者用杂原子进行碳基体掺杂来实现 CMs 的表面功能化对于 CMs 的下游应用具有很大的吸引力。目前，这些表面官能团嫁接和杂原子掺杂等处理工艺主要针对纳米碳材料的开发，也就是碳纳米纤维/纳米管和/或者石墨烯和多层石墨烯，而对于 CF/GF 等具有层次性的碳基结构的研究仍然比较少。

经常被使用的官能团包括位于石墨烯层边缘和基面缺陷中的一系列含氧官能团、氨基和巯基等。图 3-1 描绘了可以被并入碳表面的不同含氧基团，包括羧酸(carboxylic acids)、酸酐(anhydrides)、内酯(lactones)、酚(phenols)和羰基(carbonyl groups)等。常见的含氮官能团是伯胺(primary amine，$—NH_2$)和仲胺(secondary amine，—NH—)。对于掺硫的碳复合材料，除了大量存在的巯基(sulfhydryl groups，—SH)外，其他含硫官能团还包括氧化后的硫物种(oxidized sulfur species，$—SO_x$ 和$—SO_3H$)。

碳网格中的杂原子掺杂剂主要是 N 杂原子和 S 杂原子，这些杂原子可以直接取代石墨网络中的碳原子，它们会导致碳表面的性质的显著改变，如碱性或者酸性。此外，还可以与金属 NPs 产生强烈的相互作用，从而在反应过程中实现金属 NPs 的高度分散和稳定，因此受到了众多且特别的关注。如图 3-1 所示，多种氮掺杂剂可存在于碳网络，包括吡啶氮(pyridinic N)、吡咯烷氮(pyrrolic N)、氮氧化物(oxidized nitrogen)和四价/石墨氮(quaternary/graphitic N)，它们对所掺杂的碳表面的碱性修饰做出巨大贡献。S 掺杂主要以噻吩类结构(thiophene-like structures，—C—S—C—)的形式存在于石墨烯的边缘和缺陷处。

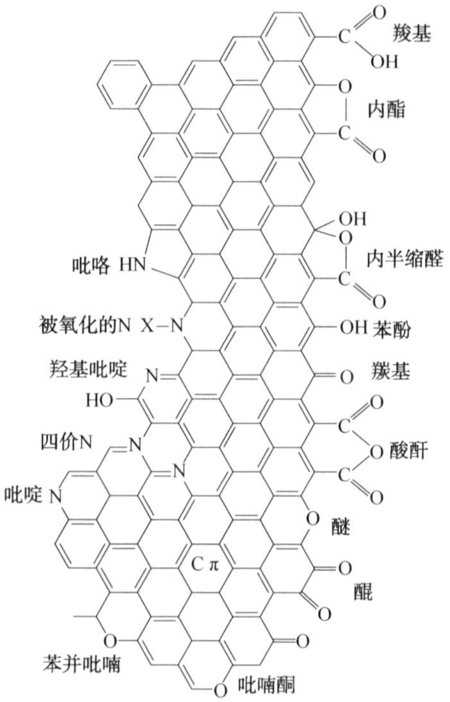

图 3-1 石墨基质中的含氧官能团和氮掺杂物种

3.2 多孔结构和结构性缺陷

通常，CMs 的结构特性会在其功能化处理后发生变化。特别是对于氧功能化，由于氧化过程而导致已有孔隙的扩大并且/或者通过碳组分与氧化剂之间的选择性气化反应产生新的孔隙，或者造成一些以前无法进入的孔道和缝隙被打开，因此，原始 CMs 的比表面积(specific surface area，SSA)、孔隙体积和孔径大小可能会发生变化。在某些情况下，氧化过程还可能导致在所修饰处理的 CMs 上形成功能化的结构性缺陷。这些孔隙率的改变和结构性缺陷的形成将会伴随着最终处理样品的 SSA 的变化。同时，结构缺陷通常会被氧化官能团所修饰。因此，与没有缺陷的区域相比，此类型的结构性缺陷可通过增强与金属的相互作用为其 NPs 在碳载体上的分散提供具有锚定作用的活性位点。所负载的金属 NPs 与结构缺陷之间的强相互作用也可以在反应过程中为活性金属提供更高的抗烧结性能。

3.3 碳材料表面功能化的策略

含氧官能团、氨基和巯基可分别从一系列基于原始碳材料的氧化、氨化或硫代化的后处理过程中引入。石墨烯结构中的 N 和 S 元素掺杂主要是通过在相应杂原子的前驱体存在下的一锅法合成过程或者在含有 N 和 S 原子的试剂存在下对原始未掺杂的 CMs 进行后续热处理来实现的。在某些情况下，可以先进行原始 CMs 氧化，然后再与 N-或者 S-前驱体进行反应，以实现多重杂原子的掺杂。在这些后处理中，含氧官能团也能够积极地参与到与 N-或 S-掺杂剂的交换过程中。

3.3.1 氧化过程

已有许多学者对含氧官能团的引入进行了广泛的研究，因为它们不仅可通过将 CMs 暴露于含氧化合物的气体氛围中而自发形成，如空气、酸或具有氧化性的化合物。而且它们在 CMs 表面的存在也是其他化学后处理工艺的重要条件，如氨化和硫代化过程，以便进行多重的杂原子掺杂。通过在不同氧化剂存在的条件下，无论是在气相(如与氧气、臭氧和氮氧化物等)，还是在液相(如使用硝酸和过氧化氢等)，以及在不同的反应条件下(如温度、压力或持续时间等)，进行原始 CMs 的后处理可以精细地调节 CMs 上这些含氧官能团的浓度。

HNO_3 和 O_2(经惰性气体稀释的)是最常用的氧化剂，分别通过湿法和干法将含氧官能团引入 CMs 表面。用 HNO_3 进行液相氧化时，只需简单地将 CMs 浸入液态酸中，并在所需的反应温度下进行搅拌，然后用蒸馏水清洗并干燥即可得到氧化处理的 CMs。在这一过程中，CMs 被氧化程度与酸的浓度、后处理的时间和温度有关。同时作为可替代方案，CMs 也可以仅仅在处于沸点温度状态下的浓 HNO_3 中进行处理，但是这种方法可能会导致固体样品的严重损坏，同时伴随着其质构特性和石墨结构发生的显著变化。CMs 的液相氧化过程相对容易，但是需要过滤、洗涤和干燥等步骤。在使用含氧相关的化合物进行气相氧化的后处理过程中，原始的碳样品将要在稀释的 O_2 或其他含氧化合物气体的流动下被加热到合适的温度。CMs 的氧化程度直接取决于氧化处理的时间和温度以及气流中的氧浓度。需要注意的是，氧化合物，如稀释的 O_2、O_3 或 H_2O_2 等，其本身的化学性质也会在 CMs 最终的氧功能化中发挥重要作用。相较于液相氧化过程，气相氧化具有两个优点：一是得益于其整个处理过程都处于气相条件，其后处理中的过滤、洗涤和干燥过程并不是必需的；二是碳样品的氧化活化温度可以在很大范围内进行变化，而液相活化过程则不然，因为其会受到含氧液相化合物沸点的限制。最近，一种更加高效的氧化路径被发展应用，以便通过 HNO_3 蒸气在气相中对 CMs 进行氧功能化。这种 CMs 的气相氧功能化方法的装置如图 3-2(a)所示。在氧化过程中，CNTs 被装入与圆底烧瓶相连的管状反应器中。将浓缩的 HNO_3(65%的体积分数)添加到圆底烧瓶中，并保持磁力搅拌。之后将液态 HNO_3 加热至 125℃，同时通过电阻炉将 CNTs 加热至 125~250℃。HNO_3 蒸气向上穿过碳样品的反应器床层。冷凝器与通向空气的开放式排气管相连。由于这种氧化处理过程完全是在气相条件下进行的，所以该装置的设计能够有效地防止已经被冷凝器收集的液态 HNO_3 回流并接触到 CNTs 样品，由此完全避免了 CNTs 被液态 HNO_3 所润湿。因此，这种方法可以减少样品氧化处理后的过滤、洗涤和干燥等步骤。此外，这种气相氧化方法还特别适合于具有宏观形状的结构碳材料的功能化。

与其他气相氧化处理过程不同的是，HNO_3 蒸气氧化法允许在 CMs 上选择性地嫁接不同的含氧官能团，但是含氧官能团的种类强烈地依赖于氧化处理的温度。如图 3-2(b)所示，在高温处理 15h 的固定时间后，可以获得高浓度的羧基官能团。由于羧基分解发生在较低的温度范围内，而苯酚、乙醚和羰基则更加稳定，需要在较高的温度下才能分解。因此，通过适当调节氧化处理的温度，可以很容易地在碳表面实现含氧官能团的不同种类的分布。研究表明，与传统的液态 HNO_3 的处理方法相比，使用 HNO_3 蒸气的气相氧化方法不仅可以提高 CNTs 上不同含氧官能团的总量，而且可以较为容易地改变其表面密度。

3.3.2 氨基化过程

传统的 CMs 氨化方法主要包括三个步骤，即羧酸基团的形成和活化以及最终的氨化。在这种方法中，CMs 表面嫁接的羧酸官能团首先被碳化二亚胺或无水有机溶剂中的 $SOCl_2$ 活化，然后与氨前驱体进行反应。该工艺过程较为烦琐，并且不适合进行氨功能化的 CMs 的大规模制备。最近，研究人员开发了一种简单的两步进行 CMs 氨基化的方法。在该工艺的第一步中，经过如前所述的氧化过程后，大量丰富的含氧官能团将被嫁接到 CMs 表面，然后通过使用一些具有还原性质的含氮前驱体(如氨水)对氧功能化的 CMs 进行还原，从而将氨基官能团并入 CMs 基体表面。Lai 等报道了一种通过一锅的溶剂热工艺，以乙二醇为溶剂，氨水为氮前驱体进行 NH_2-石墨烯合成的方法。如图 3-3 所示，氧化石墨烯被还原并与伯胺官能团进行功能化。该处理过程中的化学反应以氨自由基对—COOH和 C—O—C 基团的亲核取代作为特征。

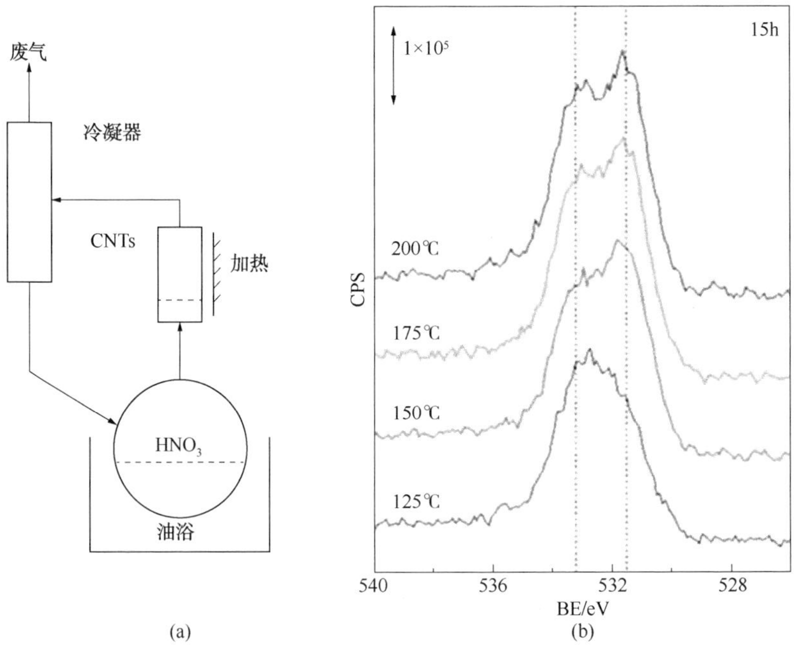

图 3-2 (a)用 HNO_3 蒸气对 CNTs 进行气相氧功能化所用的装置示意，(b)被 HNO_3 蒸气处理 15h 后的 CNTs 样品的 XPS 光谱图

3.3.3 硫醇化过程

CMs 可通过非共价键(如 π-π 相互作用)或共价键的硫代化方法进行改性。Yang 等通过与苯甲基硫醇(benzyl mercaptan，C_6H_5—CH_2—SH)的 π-π 相互作用对多壁碳纳米管(multi-walled carbon nanotubes，MWCNT)进行功能化，并用来黏附 Pt NPs。如图 3-4 所示，苯环(phenyl ring，C_6H_5—)仅参与和 MWCNT 管壁的

π-π 相互作用，巯基(—SH)通过亚甲基(methylene group，$—CH_2—$)与苯环分开，以最小化二者之间的电子离域，由此通过形成 S-Pt 键来黏附 Pt NPs。

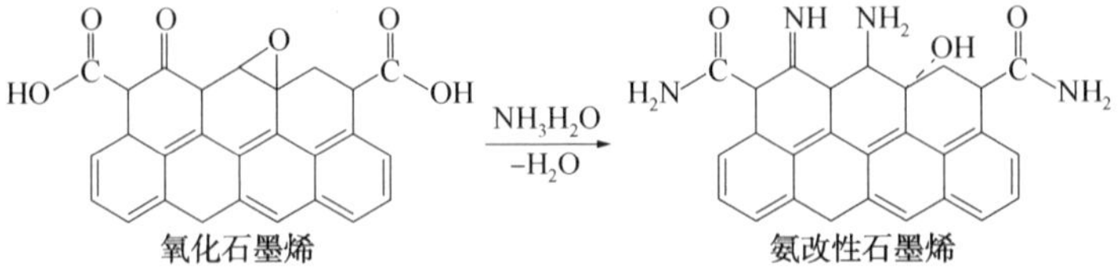

图 3-3　氨水存在下氧化石墨烯(graphene oxide，GO)一步转化到氨改性石墨烯(amine modified graphene，NH_2-G)的反应机理示意

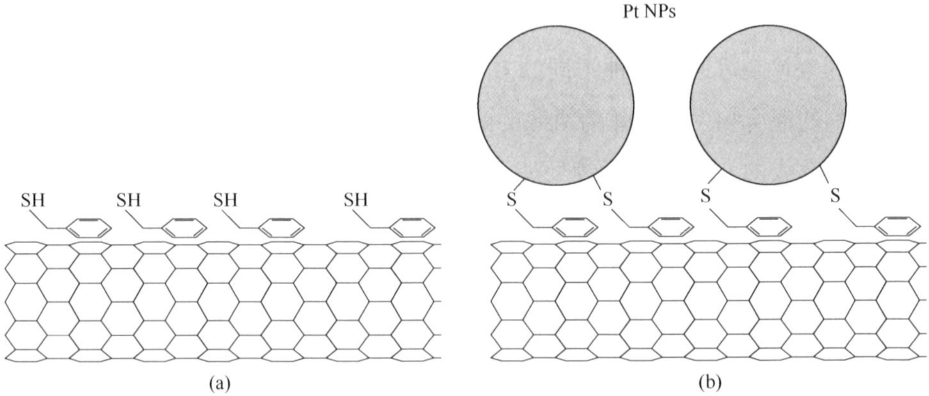

图 3-4　(a)通过 π-π 键与苯甲基硫醇官能化的 CNTs 和(b)通过共价 S-Pt 键的形成将 Pt NPs 与官能化 CNTs 结合示意

一般来说，共价键比非共价键更强。与一些氨化功能化方法类似，在传统的共价方法中，CMs 表面形成的羧酸基团首先在无水有机溶剂中被 $SOCl_2$ 氯化，然后通过酰胺键与含巯基的前驱体偶联。Hsu 等建立了一种简单而且高效的方法，直接对 CNTs 表面进行巯基的功能化。如图 3-5 所示，硫脲被用作 S 的前驱体，在这种方法中首先用硫脲、氢溴酸和冰醋酸在回流操作下对 CNTs 进行处理，然后用 NaOH 中和并用 H_2SO_4 酸化，形成硫醇化的 CNTs。

迄今为止，绝大多数的硫醇化处理方法是一个复杂且耗时的过程，同时要在液体介质中进行操作，而且需要进行必要且烦琐的过滤和洗涤步骤，这些方法都不适合进行硫醇化碳材料的大规模生产。因此，开发一种新颖、简单且易于放大的 CMs 的硫醇化方法受到越来越多的关注。

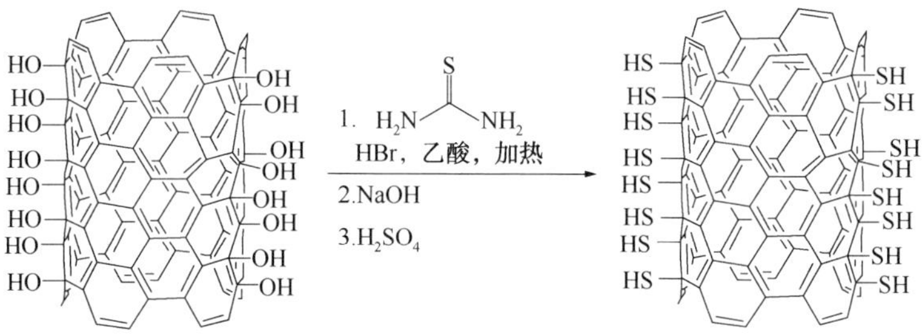

图 3-5 CNTs 表面的直接硫醇化

3.3.4 氮掺杂

CMs 的氮掺杂可通过两种不同的方法实现：一种是在 CMs 的生产过程中通过在反应物的混合物中添加作为氮源的前驱体进行直接合成；另一种是用含氮化合物对已经合成的 CMs 进行后续处理。

直接合成方法包括电弧放电和激光烧蚀，这两种方法都需要在高温下进行，通常合成温度大于 1000℃，以便蒸发碳源(通常是石墨)。目前，CVD 是应用最广泛的合成含有或不含杂原子掺杂的 CNTs/CNFs 的方法。如图 3-6 所示，CVD 只需一个反应炉(管式炉)、一个管式反应器、反应气体的混合物和一个合适的催化剂。在该合成过程中，含有碳和/或氮前驱体的气体或挥发性化合物在生长催化剂上于 550~1100℃的温度范围内进行分解，这个分解反应所需的温度比其他 CNTs 合成方法低得多。对于氮掺杂的 CMs 材料，掺杂剂与 CVD 过程的工艺条件密切相关，这些制备条件包括氮和碳的来源前驱体、反应的温度和合成的时间等。目前已经有多种含氮前驱体被用于氮掺杂样品的合成，如 N_2、NH_3、吡啶和三聚氰胺等。

现在，最常使用的一种 CMs 的氮掺杂方法是在 NH_3气体氛围中于 600~900℃的温度范围内对原始的 CMs 进行退火的热处理。

3.3.5 硫掺杂

尽管 S 原子半径比 C 原子和 N 原子的都要大，但是通过实验结果和理论研究证明，在 sp^2杂化的碳网络中引入 S 原子是可能的。与氮掺杂类似，sp^2碳结构中

S 原子的取代掺杂可通过使用含硫前驱体的直接合成方法和后处理过程来实现。在各种用于硫化的试剂中，以下这些硫源被最经常选择和使用：H_2S(可能是最重要的硫源，其地位就像氮掺杂方法中的 NH_3)，硫黄元素(elemental S)，CS_2，二甲基二硫醚(dimethyl disulfide)和 SO_2。

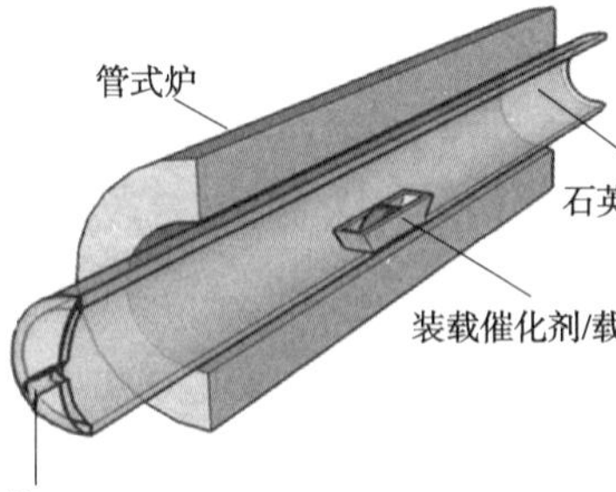

图 3-6　通过 CVD 法合成 CNTs 和氮掺杂 CNTs 的装置示意

参 考 文 献

[1] ZHANG L Y, WANG B L, DING Y X, et al. Disintegrative activation of Pd nanoparticles on carbon nanotubes for catalytic phenol hydrogenation[J]. Catalysis Science & Technology, 2016, 6(4): 1003-1006.

[2] YANG D Q, HENNEQUIN B, SACHER E. XPS Demonstration of π-π interaction between benzyl mercaptan and multiwalled carbon nanotubes and their use in the adhesion of pt nanoparticles [J]. Chemistry of Materials, 2006, 18: 5033-5038.

[3] COSTENTIN C, DROUET S, ROBERT M, et al. A Local proton source enhances CO_2 electroreduction to CO by a molecular Fe catalyst[J]. Science, 2012, 338: 90-94.

[4] THANH T T, BA H, TRUONG-PHUOC L, et al. A few-layer graphene-graphene oxide composite containing nanodiamonds as metal-free catalysts[J]. Journal of Materials Chemistry A, 2014, 2(29): 11349-11357.

[5] SU D S, ZHANG J, FRANK B, et al. Metal-free heterogeneous catalysis for sustainable chemistry[J]. ChemSusChem, 2010, 3(2): 169-180.

[6] ZHAO Z K, GE G F, LI W Z, et al. Modulating the microstructure and surface chemistry of carbocatalysts for oxidative and direct dehydrogenation: A review[J]. Chinese Journal of Cataly-

sis, 2016, 37(5): 644-670.

[7] TANG C, TITIRICI M M, ZHANG Q. A review of nanocarbons in energy electrocatalysis: Multifunctional substrates and highly active sites[J]. Journal of Energy Chemistry, 2017, 26(6): 1077-1093.

[8] SUN Z K, SUN B, QIAO M H, et al. A general chelate-assisted co-assembly to metallic nanoparticles-incorporated ordered mesoporous carbon catalysts for Fischer-Tropsch synthesis[J]. Journal of the American Chemical Society, 2012, 134(42): 17653-17660.

[9] PHAM-HUU C, KELLER N, EHRET G, et al. Carbon nanofiber supported palladium catalyst An active and selective catalyst for hydrogenation of cinnamaldehyde into hydrocinnamaldehyde [J]. Journal of Molecular Catalysis A: Chemical, 2001, 170: 155-163.

[10] NGUYEN D D, TAI N H, LEE S B, et al. Superhydrophobic and superoleophobic properties of graphene-based sponges fabricated using a facile dip coating method[J]. Energy & Environmental Science, 2012, 5(7): 7908.

[11] LI Z L, LIU J H, HUANG Z W, et al. One-Pot synthesis of pd nanoparticle catalysts supported on n-doped carbon and application in the domino carbonylation[J]. ACS Catalysis, 2013, 3(5): 839-845.

[12] FIGUEIREDO J L, PEREIRA M F R. The role of surface chemistry in catalysis with carbons [J]. Catalysis Today, 2010, 150(1-2): 2-7.

[13] MAHATA N, PEREIRA M F, SUAREZ-GARCIA F, et al. Tuning of texture and surface chemistry of carbon xerogels[J]. Journal of Colloid and Interface Science, 2008, 324(1/2): 150-155.

[14] TANG C, WANG H F, CHEN X, et al. Topological defects in metal-free nanocarbon for oxygen electrocatalysis[J]. Advanced Materials, 2016, 28(32): 6845-6851.

[15] STEVENS JOEL L, HUANG AARON Y, PENG H Q, et al. Sidewall amino-functionalization of single-walled carbon nanotubes through fluorination and subsequent reactions with terminal diamines[J]. Nano Letters, 2003, 3(3): 331-336.

[16] CHAKRAVARTY A, BHOWMIK K, DE G, et al. Synthesis of amine functionalized graphite nanosheets and their water-soluble derivative for drug loading and controlled release[J]. New Journal of Chemistry, 2015, 39(4): 2451-2458.

[17] JING H Y, REN S Z, SHI Y T, et al. An Yonglin, Hao Ce, Ozonization, amination and photoreduction of graphene oxide for triiodide reduction reaction: An experimental and

theoretical study[J]. Electrochimica Acta, 2017, 226: 10-17.

[18] TANG D H, SUN X, ZHAO D, et al. Nitrogen-doped carbon xerogels supporting palladium nanoparticles for selective hydrogenation reactions: The role of pyridine nitrogen species[J]. ChemCatChem, 2018, 10: 1291-1299.

[19] KICIŃSKI W, SZALA M, BYSTRZEJEWSKI M. Sulfur-doped porous carbons: Synthesis and applications[J]. Carbon, 2014, 68: 1-32.

[20] MA Z L, DOU S, SHEN A L, et al. Sulfur-doped graphene derived from cycled lithium-sulfur batteries as a metal-free electrocatalyst for the oxygen reduction reaction[J]. Angewandte Chemie International Edition, 2015, 54(6): 1888-1892.

[21] WANG H, BO X J, ZHANG Y F, et al. Sulfur-doped ordered mesoporous carbon with high electrocatalytic activity for oxygen reduction[J]. Electrochimica Acta, 2013, 108: 404-411.

[22] FIGUEIREDO J L, PEREIRA M F R, FREITAS M M A, et al. Characterization of active sites on carbon catalysts[J]. Industrial & Engineering Chemistry Research, 2007, 46: 4110-4115.

[23] WORSLEY KIMBERLY A, KALININA I, BEKYAROVA E, et al. Functionalization and dissolution of nitric acid treated single-walled carbon nanotubes[J]. Journal of the American Chemical Society, 2009, 131: 18153-18158.

[24] FAN M M, ZHU C L, FENG Z Q, et al. Preparation of N-doped graphene by reduction of graphene oxide with mixed microbial system and its haemocompatibility[J]. Nanoscale, 2014, 6(9): 4882-4888.

[25] PRADHAN B K, SANDLE N K. Effect of different oxidizing agent treatments on the surface properties of activated carbons[J]. Carbon, 1999, 37: 1323-1332.

[26] LUO J J, LIU Y F, WEI H, et al. A green and economical vapor-assisted ozone treatment process for surface functionalization of carbon nanotubes[J]. Green Chemistry, 2017, 19(4): 1052-1062.

[27] FIGUEIREDO J L. Functionalization of porous carbons for catalytic applications[J]. Journal of Materials Chemistry A, 2013, 1(33): 9351-9364.

[28] HUANG R, XU J Y, WANG J, et al. Oxygen breaks into carbon nanotubes and abstracts hydrogen from propane[J]. Carbon, 2016, 96: 631-640.

[29] SU D S, PERATHONER S, CENTI G. Nanocarbons for the development of advanced catalysts[J]. Chemical Reviews, 2013, 113(8): 5782-5816.

[30] XIA W, JIN C, KUNDU S, et al. A highly efficient gas-phase route for the oxygen functional-

ization of carbon nanotubes based on nitric acid vapor[J]. Carbon, 2009, 47(3): 919-922.

[31] AGUILAR-BOLADOS H, VARGAS-ASTUDILLO D, YAZDANI-PEDRAM M, et al. Facile and scalable one-step method for amination of graphene using leuckart reaction[J]. Chemistry of Materials, 2017, 29(16): 6698-6705.

[32] LAI L F, CHEN L W, ZHAN D, et al. One-step synthesis of NH_2-graphene from in situ graphene-oxide reduction and its improved electrochemical properties[J]. Carbon, 2011, 49(10): 3250-3257.

[33] KIM Y T, OHSHIMA K, HIGASHIMINE K, et al. Fine size control of platinum on carbon nanotubes: From single atoms to clusters[J]. Angewandte Chemie International Edition, 2006, 118(3): 421-425.

[34] HSU M H, CHUANG H, CHENG F Y, et al. Simple and highly efficient direct thiolation of the surface of carbon nanotubes[J]. RSC Advances, 2014, 4(28): 14777-14780.

[35] DENG D H, PAN X L, YU L, et al. Toward N-doped graphene via solvothermal synthesis [J]. Chemistry of Materials, 2011, 23(5): 1188-1193.

[36] JIN H, ZHANG H M, ZHONG H X, et al. Nitrogen-doped carbon xerogel: A novel carbon-based electrocatalyst for oxygen reduction reaction in proton exchange membrane(PEM)fuel cells [J]. Energy & Environmental Science, 2011, 4: 3389-3394.

[37] TANG C, ZHANG Q, ZHAO M Q, et al. Nitrogen-doped aligned carbon nanotube/graphene sandwiches: Facile catalytic growth on bifunctional natural catalysts and their applications as scaffolds for high-rate lithium-sulfur batteries[J]. Advanced Materials, 2014, 26(35): 6100-6105.

[38] ZHANG S G, SEIJI T, UENO K, et al. Upper limit of nitrogen content in carbon materials [J]. Angewandte Chemie International Edition, 2015, 54(4): 1302-1306.

[39] CHEN Y M, LI X Y, PARK K, et al. Hollow carbon-nanotube/carbon-nanofiber hybrid anodes for Li-ion batteries[J]. Journal of the American Chemical Society, 2013, 135(44): 16280-16283.

[40] FELLINGER T P, HASCHE F, STRASSER P, et al. Mesoporous nitrogen-doped carbon for the electrocatalytic synthesis of hydrogen peroxide[J]. Journal of the American Chemical Society, 2012, 134(9): 4072-4075.

[41] DENG Y F, XIE Y, ZOU K X, et al. Review on recent advances in nitrogen-doped carbons: Preparations and applications in supercapacitors[J]. Journal of Materials Chemistry A, 2016,

4(4): 1144-1173.

[42] WANG H B, MAIYALAGAN T, WANG X. Review on recent progress in nitrogen-doped graphene: Synthesis, characterization, and its potential applications[J]. ACS Catalysis, 2012, 2(5): 781-794.

[43] SHI Z J, LIAN Y F, LIAO F H, et al. Large scale synthesis of single-wall carbon nanotubes by arc-discharge method[J]. Journal of Physics and Chemistry of Solids, 2000, 61 1031-1036.

[44] CHIZARI K, JANOWSKA I, HOULLÉ M, et al. Tuning of nitrogen-doped carbon nanotubes as catalyst support for liquid-phase reaction[J]. Applied Catalysis A: General, 2010, 380 (1/2): 72-80.

[45] TESSONNIER J P, SU D S. Recent progress on the growth mechanism of carbon nanotubes: A Review[J]. ChemSusChem, 2011, 4: 824-847.

[46] WANG E G. A New development in covalently bonded carbon nitride and related materials[J]. Advanced Materials, 1999, 11: 1129-1133.

[47] LEE Y T, KIM N S, BAE S Y, et al. Growth of vertically aligned nitrogen-doped carbon nanotubes: control of the nitrogen content over the temperature range 900~1100℃[J]. The Journal of Physical Chemistry B, 2003, 107: 12958-12963.

[48] LIU J W, WEBSTER S, CARROLL D L. Temperature and flow rate of NH_3 Effects on nitrogen content and doping environments of carbon nanotubes grown by injection CVD Method[J]. The Journal of Physical Chemistry B, 2005, 109: 15769-15774.

[49] CHIZARI K, VENA A, LAURENTIUS L, et al. The effect of temperature on the morphology and chemical surface properties of nitrogen-doped carbon nanotubes[J]. Carbon, 2014, 68: 369-379.

[50] SEN R, SATISHKUMAR B C, GOVINDARAJ A, et al. Nitrogen-containing carbon nanotubes [J]. Journal of Materials Chemistry, 1997, 7: 2335-2337.

[51] TERRONES M, REDLICH P, GROBERT N, et al. Carbon nitride nanocomposites: Formation of aligned C_xN_y Nanofibers[J]. Advanced Materials, 1999, 11: 655-658.

[52] JOSÉ-YACAMÁN M, MIKI-YOSHIDA M, RENDÓN L, et al. Catalytic growth of carbon microtubules with fullerene structure[J]. Applied Physics Letters, 1993, 62(2): 202-204.

[53] SHI W, ZHANG B S, LIN Y M, et al. Enhanced chemoselective hydrogenation through tuning the interaction between Pt nanoparticles and carbon supports: Insights from identical location

transmission electron microscopy and X-ray photoelectron spectroscopy[J]. ACS Catalysis, 2016, 6(11): 7844-7854.

[54] YANG S B, ZHI L J, TANG K, et al. Efficient synthesis of heteroatom(N or S)-doped graphene based on ultrathin graphene oxide-porous silica sheets for oxygen reduction reactions[J]. Advanced Functional Materials, 2012, 22(17): 3634-3640.

[55] GUO J, LUO Y, LUA A C, et al. Adsorption of hydrogen sulphide(H_2S) by activated carbons derived from oil-palm shell[J]. Carbon, 2007, 45(2): 330-336.

[56] FENG W G, KWON S, FENG X, et al. Sulfur impregnation on activated carbon fibers through H_2S oxidation for vapor phase mercury removal[J]. Journal of Environmental Engineering, 2006, 132: 292-300.

[57] FENG W G, BORGUET E, VIDIC R D. Sulfurization of carbon surface for vapor phase mercury removal-Ⅰ: Effect of temperature and sulfurization protocol[J]. Carbon, 2006, 44(14): 2990-2997.

[58] WANG J, DENG B L, WANG X R, et al. Adsorption of aqueous Hg(Ⅱ) by sulfur-impregnated activated carbon[J]. Environmental Engineering Science, 2009, 26: 1693-1699.

[59] HSI H C, MARK J R, ROSTAM-ABADI M, et al. Mercury adsorption properties of sulfur-impregnated adsorbents[J]. Journal of Environmental Engineering, 2002, 128: 1080-1089.

[60] OTANI Y, KANAOKA C, EMI H, et al. Removal of mercury vapor from air with sulfur-impregnated adsorbents[J]. Environmental Science & Technology, 1988, 22: 708-711.

[61] ASASIAN N, KAGHAZCHI T. Comparison of dimethyl disulfide and carbon disulfide in sulfurization of activated carbons for producing mercury adsorbents[J]. Industrial & Engineering Chemistry Research, 2012, 51(37): 12046-12057.

[62] MACÍAS-GARCÍA A, VALENZUELA-CALAHORRO C, GÓMEZ-SERRANO V, et al. Adsorption of Pb^{2+} by heat-treated and sulfurized activated carbon[J]. Carbon, 1993, 31: 1249-1255.

[63] MORRIS E A, KIRK D W, JIA C Q, et al. Correction to roles of sulfuric acid in elemental mercury removal by activated carbon and sulfur-impregnated activated carbon[J]. Environmental Science & Technology, 2012, 46(19): 10857.

第 4 章　结构碳材料基催化剂在化学反应中的应用

本书从 CMs 作为非金属催化剂和金属催化剂载体，以及气相反应和液相反应的角度出发，选取 H_2S 的气相选择性氧化反应和 α，β-不饱和肉桂醛的液相选择性加氢反应为模型反应，研究和探讨了结构碳材料基催化剂分别作为非金属催化剂和金属催化剂载体在化学反应中的应用。

4.1　H_2S 的气相选择性氧化反应生成单质硫

H_2S 是最有毒和恶臭的气体之一，有很多不同的来源，如煤基化学和发电厂、天然气加工和利用、原油加氢脱硫、炼油厂和冶炼厂运营等。H_2S 可看作进入大气的主要空气污染物，对动物和人类有害，同时还会引起酸雨的形成。此外，无论是气态还是溶解在溶液中，它都对生产设施具有高度腐蚀性。由于环境保护的紧迫性，H_2S 或含硫废水和气体都必须在释放到环境中之前进行处理。

现在使用最广泛的脱硫技术包括使用平衡的克劳斯(Claus)工艺将 H_2S 转化为硫单质。在传统常规的 Claus 工艺的第一步中，在适量空气存在的情况下，通过在 1000~1200℃ 的热氧化过程 1/3 的 H_2S 被转化成 SO_2[化学反应方程式(4-1)]。然而，由于高温下反应的平衡，H_2S 的转化率被限制在 60%~70%。为了提高 H_2S 转化率，剩余的 H_2S 和 SO_2 会在较低温度下(如 200~250℃)，在一系列催化转化器中根据化学反应方程式(4-2)发生催化反应。在此步骤中 H_2S 会和 SO_2 直接反应导致元素硫的生成[化学反应方程式(4-2)]。然而，由于第二步(Claus 反应)的热力学平衡限制，很难从废气中完全去除 H_2S，离开克劳斯装置进入尾气的残留 H_2S 在 1%~3%(体积分数)。因此，寻找一种完全消除这种有害化合物的新工艺具有重要意义。

$$H_2S+(3/2)O_2 = SO_2+H_2O \tag{4-1}$$

$$SO_2+2H_2S = 2H_2O+(3/n)S_n \tag{4-2}$$

在过去的几十年中，已经开发了一种通过 O_2 直接催化 H_2S 选择性氧化为元素硫[化学反应方程式(4-3)]的一步法并在几个脱硫装置中运行，称为超级克劳斯(Super-Claus)工艺。Super-Claus 工艺的一个突出优点是没有热力学限制，因为 O_2 被用作氧化剂而不是 SO_2，因此，在适当的反应条件下可以实现将 H_2S 完全转化为硫单质。

$$H_2S+(1/2)O_2 = (1/n)S_n+H_2O \tag{4-3}$$

除了主要的 Super-Claus 反应外，在伴随的副反应中产生的 S 会被一些过量的 O_2 进一步氧化生成 SO_2[化学反应方程式(4-4)]以及 H_2S 直接完全氧化成 SO_2[化学反应方程式(4-5)]，由此可能会降低 H_2S 一步选择性氧化为单质硫的反应过程中 S 的选择性。

$$(1/n)S_n+O_2 = SO_2 \tag{4-4}$$

$$H_2S+(3/2)O_2 = SO_2+H_2O \tag{4-5}$$

这种选择性氧化过程的关键点是开发一种高效的催化剂，可以防止逆克劳斯反应的发生以及抑制所生成的元素硫深度氧化成 SO_2。H_2S 的催化氧化可以在硫产物的露点(180℃)以上或以下进行。大多数 H_2S 转化为硫单质的催化氧化过程都是在不连续或连续模式下进行的：在前者(通常在 $T<180$℃下操作)中，硫被困在催化剂内，其再生操作是周期性地通过熔化硫沉积物来进行；在后者($T>180$℃)中，S 在反应器出口处连续蒸发和冷凝。对于这些工艺，S 产率通常在 90%~95%，可通过在催化反应器出口处增加吸收段来提高 S 产量。在早期的研究中，钛基、铬基、钒基和铁基氧化物催化剂被提出并用于这种选择性氧化过程。然而，这些催化剂都存在一些缺点，如钛基催化剂在水蒸气的存在下快速失活、含铬材料的毒性、铁基 Super-Claus 催化剂对过量的 O_2 量的要求等，制约了这些催化剂的发展。如今，铁基催化剂仍然是 H_2S 选择性氧化操作最发达的工业催化剂。

近日，据报道一些 CMs 如碱性的氮掺杂 CNTs 或氮掺杂介孔碳可在脱硫过程中被用作非金属催化剂，以消除上述金属基催化剂的弊端。然而，在使用非

金属催化剂将 H_2S 直接催化选择性氧化为单质硫方面，对各种活性位点的确切性质以及具有温和合成条件的新型宏观 CMs 的开发仍然缺乏较为基础性的了解。

4.2 α, β-不饱和肉桂醛的液相选择性加氢反应

α, β-不饱和醛加氢制 α, β-不饱和醇或饱和醛，因其潜在的经济效益和科学兴趣而受到广泛关注。此外，它是合成大量精细化学品(如药品、香水和食品添加剂)的关键步骤。特别是，最近发现氢化肉桂醛(hydrocinnamaldehyde, HCAD)是合成用于治疗 HIV 药物的重要中间体。肉桂醛(cinnamaldehyde, CAD)作为一种典型的 α, β-不饱和醛，能够通过不同的加氢途径产生各种产物分布(见图 4-1)，同时其加氢反应取决于活性金属、助剂和载体。

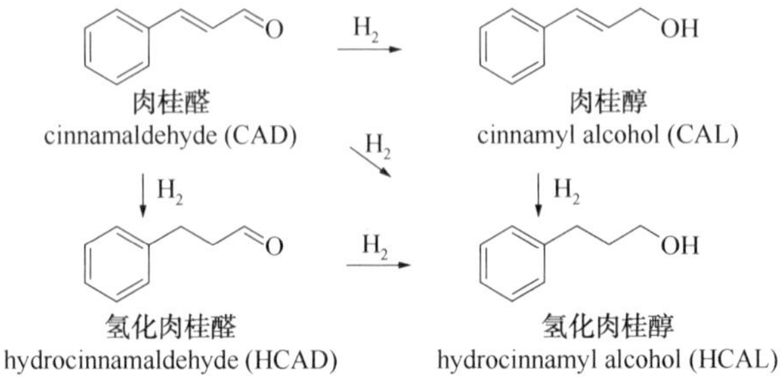

图 4-1 CAD 催化加氢过程的反应途径

4.2.1 活性金属的影响

CAD 加氢反应可通过不同的贵金属进行催化。肉桂醇(cinnamyl alcohol, CAL)形成的顺序为 Os>Ir>Pt>Ru>Rh>Pd=0，这与金属 d 带的宽度有关。宽 d 带的贵金属可以诱导不饱和醛的强四电子斥力，这使得 C═C 键难以被吸附。d 带宽度最小的 Pd 更容易进行 η^4 共轭物的吸附。此外，C═C 键加氢是热力学有利的，因为 C═C 键加氢所需的活化能低于 C═O 键的活化能。因此，Pd 催化剂对 HCAD 或氢化肉桂醇(hydrocinnamyl alcohol, HCAL)具有选择性，而 Pt 和 Ru 对 C═O 键加氢即对 CAL 具有选择性。

4.2.2 金属粒径的影响

CAD 加氢的选择性被认为对金属 NPs 的粒径大小敏感，而粒径对反应活性的影响可以忽略不计。较大的金属颗粒可以表现为更高的 CAL 选择性，这归因于 CAD 在活性金属表面的吸附(见图 4-2)。通过理论计算研究了 CAD 分子在金属表面的吸附构型：在具有平坦金属表面的大颗粒上，CAD 中苯环与金属表面之间的斥力势垒使其距离扁平金属表面至少 0.3nm，这使得 C ═ C 键比 C ═ O 键更难接近金属表面，因此，有利于 C ═ O 键氢化。但对于小纳米颗粒，金属与苯环之间的斥力会变弱，C ═ C 和 C ═ O 键可以同时吸附在金属表面，从而降低 CAL 的选择性。这种现象不仅存在于对 CAL 选择性高的 Pt 和 Ru 金属上，而且在对 C ═ O 键选择性较差的 Rh 金属上也存在。

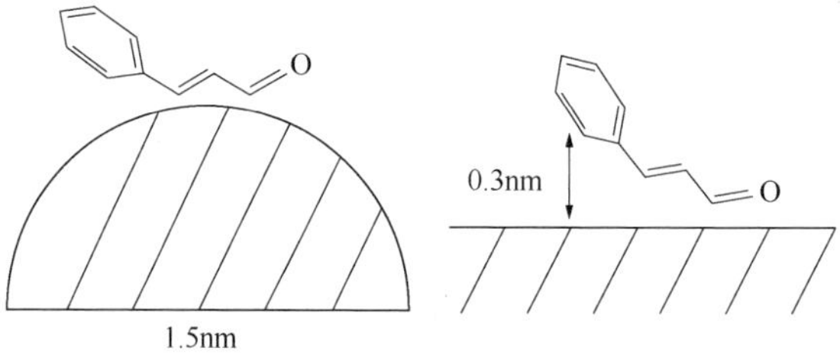

(a)小的金属颗粒　　(b)大的非弯曲的金属颗粒

图 4-2　CAD 在小的金属颗粒和大的非弯曲的金属颗粒上的吸附

4.2.3 碳载体的表面化学性质对肉桂醛加氢反应的影响

对于以 CMs 为载体的贵金属催化剂，碳载体的表面化学性质特别是其表面官能团是决定 CAD 加氢反应的催化性能的重要因素。de Jong 等研究了 CNFs 作为催化剂载体时其表面含氧官能团对 CAD 加氢反应活性和选择性的影响。他们发现，经过在 N_2 气氛中进行退火步骤处理后，Ru/CNFs 催化剂(1~2nm)的反应速率提高了 22 倍，这与 CNFs 载体上的表面含氧基团的去除有关。但是由于 HCAD 的形成，对 C ═ O 键的选择性从 48%降低到 8%。对于 Pt/CNFs 催化剂(1~2nm)，同样的热处理也将催化剂的整体活性提高了 25 倍。XPS 和氢化学吸附表征表明，CNFs 载体表面含氧官能团的存在不会引起活性金属 NPs 电子结构的明显变化。此外，动力学模型证明，表面含氧官能团的去除所产生的非极性碳载体表面可以增强 CAD 分子的吸附，从而增加了 Pt 催化剂的反应活性(见图 4-3)。

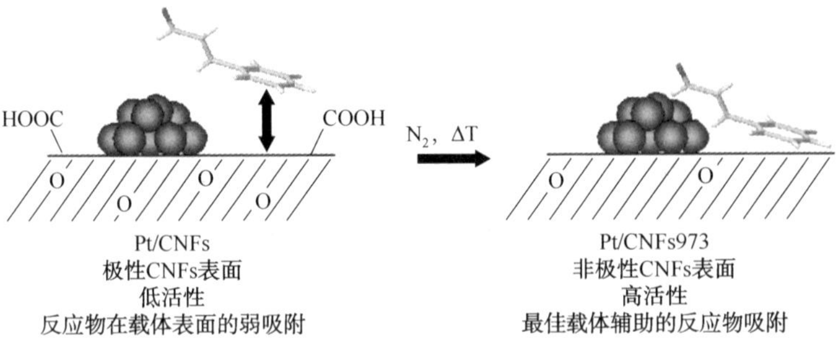

图 4-3 CAD 吸附的示意

de Jong 等将碳载体的表面含氧官能团与活性金属 NPs 的粒径相结合，进一步研究了其对加氢反应催化性能的影响。对于在碳载体表面具有含氧官能团的催化剂，较大的活性金属 NPs(约 3.5nm)对 CAL 表现出更高的选择性。在经过热处理去除含氧官能团后，较小的金属 NPs(约 2.0nm)对 CAL 表现出较高的选择性。这与以前的研究一样，通过热处理可以提高这些催化剂的反应活性，但热处理对 C ═ O 键的选择性的影响是增强而不是降低。这种相反的趋势被认为是由于使用不同的反应温度和压力引起的。随后他们提出了 CAD 的吸附/斥力模型来解释加氢反应性能的变化(见图 4-4)。由于含氧官能团的存在，碳载体的表面极性阻止了苯基在载体上的吸附，然后 CAD 的吸附以及加氢反应只能发生在活性金属表面。因此，较大的活性金属 NPs 表现出更高的 CAL 的选择性(见图 4-2)。然而，在通过热处理去除含氧官能团后，CAD 在极性较低的碳载体表面的吸附会得到增强(见图 4-3)。吸附在活性金属附近和外围周边的反应物分子可以参与到加氢反应中，苯环在碳载体上的吸附会将 C ═ O 键引向活性金属外围，从而提高反应的活性以及对 CAL 的选择性。此外，由于较小的活性金属 NPs 具有更多的外围空间，它们将比那些较大的金属 NPs 具有更高的加氢反应活性和对 C ═ O 键的选择性。

4.2.4 肉桂醛加氢反应的电子效应

活性金属的电子结构和性质可通过载体和助剂等方式进行调整，在 CAD 加氢反应中也起着关键作用。Serp 等研究了不同碳材料(CNTs、CNFs 和活性炭)负载的单金属和双金属 NPs 对 CAD 加氢反应的影响。与 CNFs 相比，CNTs 负载的 Pt 或 Ru 催化剂表现出更高的 CAL 选择性。同时，PtRu 合金的选择性高于单一金属。编者还报道了 CNTs 负载的 PtRu 双金属催化剂在热处理后表现出更高的 CAL 选择性和增强的反应活性。他们认为，高温处理不仅能通过含氧官能团的去除来促进 CAD 在碳载体表面的吸附，这与 de Jong 等的报道类似，同时还增加了碳载体的导电性能，导致更多的电子从 CNTs 转移到活性金属，从而显著提高了 CAL 的选择性。

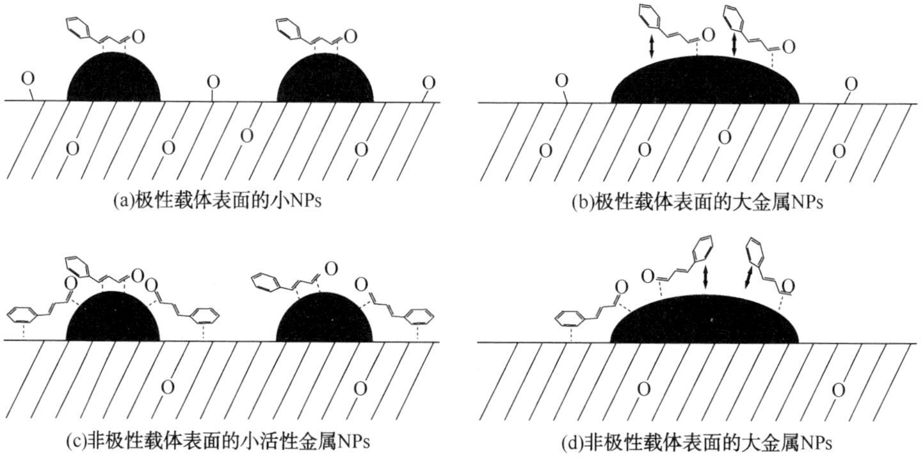

图 4-4　对于发现的粒径效应所推测的模型

此外，Serp 等研究了热活化对 CNTs 负载的 Pt 或 Ir 催化剂的 CAL 选择性的影响。他们认为，de Jong 等最初报道的相反趋势应该是由于 CNTs(基底平面的排斥暴露)和 CNFs(棱柱平面的排斥暴露)之间石墨层排列的差异造成的，而不是来自反应条件的差异。离域的 π 电子在平行取向的石墨层结构的 CNTs 中比在斜向的 CNFs 中更加具有流动性，从而增强了 CNTs 的导电性，使电子更容易从 CNTs 转移到活性金属。在石墨和活性炭等碳载体之间也发现了这种现象，石墨比活性炭对活性金属有更多的电子转移，从而导致更高的 CAL 的选择性。

由 Delbecq 和 Sautet 进行的理论计算表明富电子的金属表面不仅可以带来 η^4 型共轭物吸附的抑制并伴随着 C ═ C 键结合能的降低，而且可通过反馈 π 键的相互作用来促进 C ═ O 键的吸附。因此，通过调整活性金属的电子结构可以提高 CAL 的选择性。

Tsang 等报道了一种二元金属表面具有金属尺寸依赖性的电子改性，并将其应用于 CAD 加氢反应(见图 4-5)。他们合成了一系列具有不同尺寸大小的 Co 掺杂的铂纳米晶体。如图 4-5(a)所示，所沉积的 Co 原子主要占据 Pt 晶体中的低配位点，并对相邻的 Pt 原子具有电子修饰的作用。掺杂的 Co 原子的正电荷会吸引 C ═ O 键，而相邻 Pt 原子的负电荷会破坏 C ═ C 键的吸附。如图 4-5(b)和(c)所示，Co 原子的电子影响可以覆盖到小于 6nm 的小 Pt 晶体的整个表面。然而，这种电子效应从 6nm 的晶体尺寸开始逐渐下降，并几乎在大的晶体尺寸如 22.5nm 中消失。此外，在 CAD 完全转化的情况下，掺杂了大致相同摩尔数的 Co 原子的 4.8nm 的 Pt 晶体能够表现出超过 99.8%的 CAL 的选择性。

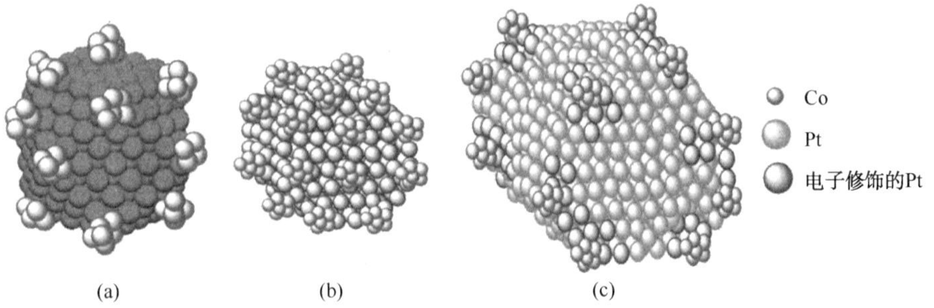

图 4-5 考虑临界尺寸效应的图形模型：(a)Co 原子装饰在 Pt 晶体的角位点的模型。考虑临界尺寸效应的模型：(b)所装饰在角落上的 Co 原子以电子方式影响整个小的 Pt 系统；(c)一些正常的 Pt 位点在大的 Pt 系统中未受到所装饰的 Co 原子的影响

从上述研究结果可以看出，CAD 加氢反应需要通过催化剂的调制来进行催化反应性能的调整，如在金属颗粒尺寸、碳载体的表面化学性质和活性金属的电子结构等方面。此外，CAD 加氢反应也经常被用作模型反应来评价催化剂的构效关系。

4.2.5 液相反应过程中催化剂的循环利用和回收

催化剂的稳定性和可循环利用性是工业界高度关注的问题。同时，在液相反应中，催化性能随时间变化的损失不仅是催化剂因为活性金属烧结或聚集而造成的失活问题，而且是由于在过滤步骤中与活性相浸出或催化剂损失有关的问题。为了避免这些问题，应当精细地调节活性相和载体之间的相互作用，以便在两相之间提供牢固的结合，从而防止活性相迁移，由此减少与活性金属烧结或浸出相关的问题。可见，通过在碳载体表面引入活性金属的锚定位点，如石墨缺陷、表面官能团或杂原子掺杂等，可以防止上述问题的发生。

此外，通常用于液相反应的常规粉末催化剂的回收需要烦琐且耗能的过滤过程。同时，回收不完全导致的催化剂损失是粉末状催化剂回收工艺的另一个缺点。在反应过程中，催化剂颗粒还受到搅拌桨叶轮等的反复冲击，导致在反应介质内形成细相或活性相的损失。对于一些微孔贡献较大的载体，液相反应中催化剂内部的传质问题直接影响反应物的停留时间，进而影响催化剂的反应性能和可回收性。由此可以预料到用具有开放孔隙率和大的有效表面积的结构催化剂代替粉末状液相催化剂将会引起人们的高度关注。结构催化剂还应表现出可接受的相互作用以保持活性相的高分散性，并防止因为烧结或浸出过程而过度降低催化性能。同时，结构催化剂还可以让人们逐步淘汰引起上述催化剂颗粒分解的传统叶轮。

参 考 文 献

[1] ZHANG X, TANG Y Y, QU S Q, et al. H_2S-Selective catalytic oxidation: Catalysts and processes[J]. ACS Catalysis, 2015, 5(2): 1053-1067.

[2] KELLER N, PHAM-HUU C, CROUZET C, et al. Direct oxidation of H_2S into S. New catalysts and processes based on SiC support[J]. Catalysis Today, 1999, 53: 535-542.

[3] PIÉPLU A, SAUR O, LAVALLEY J C, et al. Claus catalysis and H_2S selective oxidation[J]. Catalysis Reviews-Science and Engineering, 1998, 40(4): 409-450.

[4] KELLER N, PHAM-HUU C, ESTOURNES C, et al. Low-temperature selective oxidation of hydrogen sulfide into elemental sulfur on a NiS_2/SiC catalyst[J]. Catalysis Letters, 1999, 61: 151-155.

[5] CHIZARI K, DENEUVE A, ERSEN O, et al. Nitrogen-doped carbon nanotubes as a highly active metal-free catalyst for selective oxidation[J]. ChemSusChem, 2012, 5(1): 102-108.

[6] BA H, LIU Y F, TRUONG-PHUOC L, et al. A highly N-doped carbon phase “dressing” of macroscopic supports for catalytic applications[J]. Chemical Communications, 2015, 51(76): 14393-14396.

[7] ZHAO M T, YUAN K, WANG Y, et al. Metal-organic frameworks as selectivity regulators for hydrogenation reactions[J]. Nature, 2016, 539(7627): 76-80.

[8] WANG D, ZHU Y J, TIAN C G, et al. Synergistic effect of tungsten nitride and palladium for the selective hydrogenation of cinnamaldehyde at the C=C bond[J]. ChemCatChem, 2016, 8(9): 1718-1726.

[9] WANG D, ZHU Y J, TIAN C G, et al. Synergistic effect of Mo_2N and Pt for promoted selective hydrogenation of cinnamaldehyde over Pt-Mo_2N/SBA-15[J]. Catalysis Science & Technology, 2016, 6(7): 2403-2412.

[10] GALLEZOT P, RICHARD D. Selective hydrogenation of α, β-unsaturated aldehydes[J]. Catalysis Reviews-Science and Engineering, 1998, 40(1/2): 81-126.

[11] DELBECQ F, SAUTET P. Competitive C=C and C=O adsorption of α-β unsaturated aldehydes on Pt and Pd surfaces in relation with the selectivity of hydrogenation reactions: A theoretical approach[J]. Journal of Catalysis, 1995, 152: 217-236.

[12] GALVAGNO S, CAPANNELLI G, NERI G, et al. Hydrogenation of cinnamaldehyde over Ru/C catalysts: Effect of Ru particle size[J]. Journal of Molecular Catalysis, 1991, 64: 237-246.

[13] Giroir-Fendler A, Richard D, Gallezot P. Chemioselectivity in the catalytic hydrogenation of cinnamaldehyde. Effect of metal particle morphology[J]. Catalysis Letters, 1990, 5: 175-182.

[14] MINOT C, GALLEZOT P. Competitive hydrogenation of benzene and toluene: Theoretical study of their adsorption on ruthenium, rhodium, and palladium[J]. Journal of Catalysis, 1990, 123: 341-348.

[15] TOEBES M L, PRINSLOO F F, BITTER J H, et al. Influence of oxygen-containing surface groups on the activity and selectivity of carbon nanofiber-supported ruthenium catalysts in the hydrogenation of cinnamaldehyde[J]. Journal of Catalysis, 2003, 214(1): 78-87.

[16] TOEBES M L, JOS VAN DILLEN A, ZHANG Y H, et al. Support effects in the hydrogenation of cinnamaldehyde over carbon nanofiber-supported platinum catalysts: Characterization and catalysis[J]. Journal of Catalysis, 2004, 226(1): 215-225.

[17] TOEBES M L, ALEXANDER N T, HÁJEK J, et al. Support effects in hydrogenation of cinnamaldehyde over carbon nanofiber-supported platinum catalysts: Kinetic modeling[J]. Chemical Engineering Science, 2005, 60(21): 5682-5695.

[18] PLOMP A J, VUORI H, KRAUSE A O I, et al. Particle size effects for carbon nanofiber supported platinum and ruthenium catalysts for the selective hydrogenation of cinnamaldehyde[J]. Applied Catalysis A: General, 2008, 351: 9-15.

[19] VU H, GONÇALVES F, PHILIPPE R, et al. Bimetallic catalysis on carbon nanotubes for the selective hydrogenation of cinnamaldehyde[J]. Journal of Catalysis, 2006, 240(1): 18-22.

[20] MACHADO B F, GOMES H T, SERP P, et al. Liquid-phase hydrogenation of unsaturated aldehydes: Enhancing selectivity of multiwalled carbon nanotube-supported catalysts by thermal activation[J]. ChemCatChem, 2010, 2(2): 190-197.

[21] TSANG S C, CAILUO N, ODURO W, et al. Engineering preformed cobalt-doped platinum nanocatalysts for ultraselective hydrogenation[J]. ACS Nano, 2008, 2(12): 2547-2553.

[22] TRUONG-HUU T, CHIZARI K, JANOWSKA I, et al. Few-layer graphene supporting palladium nanoparticles with a fully accessible effective surface for liquid-phase hydrogenation reaction[J]. Catalysis Today, 2012, 189(1): 77-82.

第5章 石墨毡基结构碳材料催化剂的制备、表征和反应性能评价

5.1 石墨毡基结构碳材料催化剂的制备

5.1.1 石墨毡(GF)和 GF 的气态 HNO_3 处理工艺

1. 石墨毡

商业生产的石墨毡(GF)，原料为聚丙烯腈(polyacrylonitrile，PAN)，尺寸为 $1\times3m^2$(厚度为 6mm)，由 Carbone Lorraine 公司提供。购买的 GF 被剪切成颗粒形式(直径×厚度为 4mm×6mm)以用于研究实验的操作。GF 显示出相对较低的比表面积，通过 N_2吸附测量的比表面积为(10±2)m^2/g，这种现象主要与其几何表面积有关，并且与材料的极低孔隙率非常吻合。需要注意的是，GF 还可以被剪切成各种尺寸和形状，包括颗粒、圆盘或者其他组合结构，具体取决于其下游应用，如气相反应或液相反应。与其他非金属催化剂相比，GF 的不同尺寸和形状代表了一种优势，这种可塑形状是未来工业发展的主要关注点。

2. 石墨毡的气态 HNO_3 处理工艺

对于气态酸处理工艺(见图 5-1)，首先将 GF 根据后续的催化应用要求进行剪切成型，然后将预成型的 GF 装载在管式反应器内，并通过外部的电炉加热到所需的处理温度 250℃。根据 Duong-Viet 等的研究结果，将酸处理的温度固定为 250℃。该处理温度由插入加热炉内的热电偶控制。将含有颗粒形状(直径×厚度为 4mm×6mm)的 GF 反应器连接到装有 150mL HNO_3 且浓度为 65%的圆底烧瓶

中。将圆底烧瓶的温度加热并固定在125℃，并将HNO_3溶液保持在磁力搅拌下。气态酸向上通过保持在250℃的GF颗粒。通过GF反应床层的气态HNO_3被进一步冷凝在另一个烧瓶中，此烧瓶所收集的酸液可以重新用于该HNO_3处理过程，从而显著地减少与液体废物的循环和回收利用等相关的问题。对样品进行不同的持续时间的HNO_3处理，以研究这些处理工艺对GF样品最终的微观结构和化学性质的影响，并将这些物理性质与GF基碳材料的催化活性相关联。HNO_3处理后的GF样品用去离子水洗涤一次，然后放置于烘箱中并在130℃下干燥过夜。在该研究中，通过HNO_3氧化处理的GF标记为OGF(oxidized graphite felt，氧化石墨毡)。OGF-X，其中X代表以小时为单位的酸处理的持续时间，如OGF-24表示原始GF在气态HNO_3下处理24h。需要注意的是，该气态HNO_3处理工艺不仅局限于处理少量的催化剂样品，还可以通过改变反应器的尺寸来制备更大量的GF。

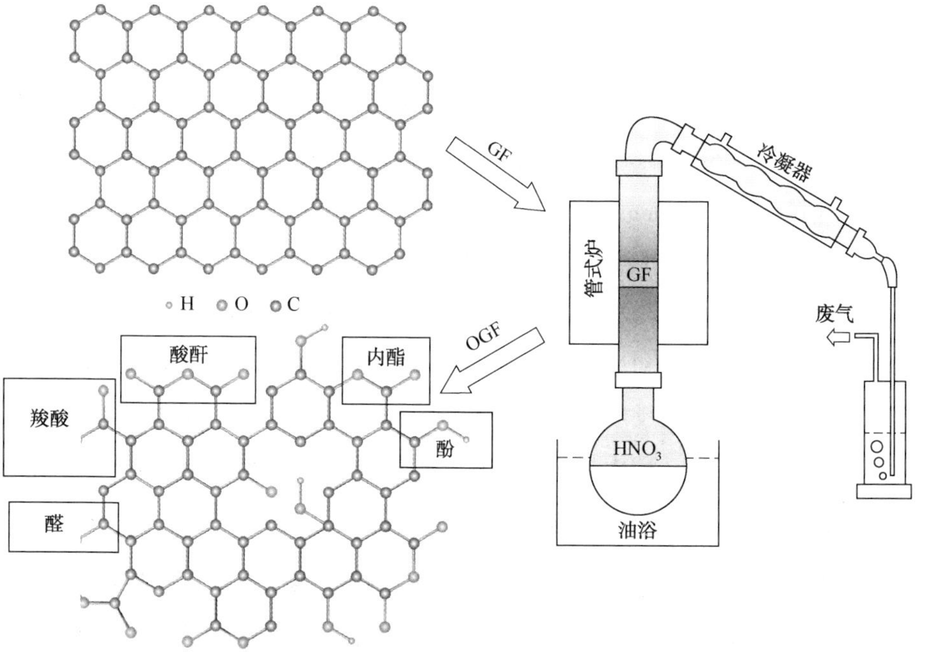

图5-1 气态HNO_3处理制备的OGF和酸处理后其石墨表面生成的不同含氧官能团示意

5.1.2 石墨毡基结构碳材料及其作为载体的结构催化剂

1. 石墨毡基结构碳材料

如前文所述，由碳微丝(Carbone Lorraine Ltd)构成的商业 GF 首先由气态 HNO_3 处理(见图 5-2)。在标准的处理工艺程序中，将圆盘形式的 GF(直径×厚度为 24mm×6mm，0.24g)装入管式反应器中，该反应器连接到装有 10mL HNO_3(65%)的圆底烧瓶。将装有 HNO_3 溶液的圆底烧瓶在 125℃下加热并保持磁力搅拌。同时，将 10mL/min 的 Ar 引入该烧瓶中，以驱动气态 HNO_3 向上通过 GF 床层。将 GF 样品在 250℃的气态 HNO_3 的存在下处理 4h。通过 GF 床层的反应物气体在另一个烧瓶中被进一步冷凝。整个处理系统的操作压力为 1atm。然后用去离子水洗涤处理过的样品一次以除去其表面痕量杂质，最后在 130℃的烘箱内干燥过夜。

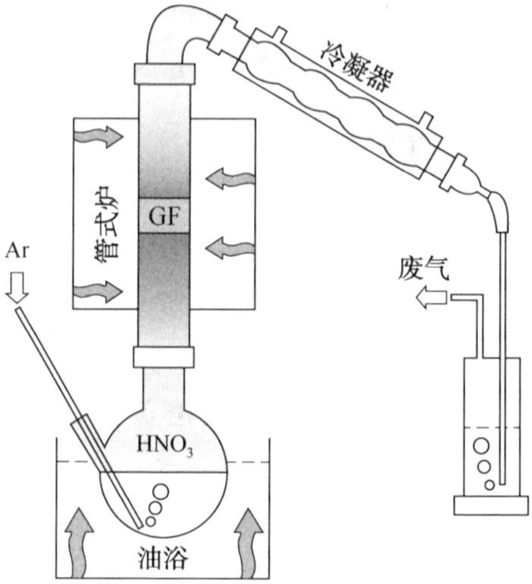

图 5-2 GF 的气态 HNO_3 热处理工艺示意

2. 石墨毡作为载体的结构催化剂

以硝酸钯[$Pd(NO_3)_2 \cdot 6H_2O$，Fluka]为钯盐的前驱体，通过初期湿浸渍法将水溶液中的 Pd 沉积到碳载体上。金属 Pd 的理论质量分数固定在 5%。将浸渍的固体样品在 110℃的烘箱中干燥 2h，紧接着在 350℃的空气中煅烧 2h，以使硝酸钯分解成相应的氧化物。然后催化剂在 350℃的 H_2 气流中被进一步还原 2h。在

室温下从 H_2 还原反应器中取出催化剂，并在表征或催化反应实验前将其储存在密闭的小瓶中。

5.2 结构碳材料基催化剂的表征

5.2.1 扫描电子显微镜(SEM)

扫描电子显微镜(scanning electron microscopy，SEM)和元素分析的表征测试是在 ZEISS Gemini SEM 500 显微镜上进行的，分辨率为 5nm。将样品沉积到双面石墨胶带上，以避免分析过程中充电效应所带来的问题。

5.2.2 电感耦合等离子体原子发射光谱(ICP-AES)

催化剂中 Pd 的实际负载量通过电感耦合等离子体原子发射光谱(inductively coupled plasma-atomic emission spectroscopy，ICP-AES，Plasma-Spec-Ⅱ光谱仪)测定。

5.2.3 透射电子显微镜(TEM)

采用透射电子显微镜(transmission electron microscopy，TEM)分析了 GF 和其所负载的金属活性相的微观结构。TEM 分析是在 JEOL 2100F 上进行的，工作电压为 200kV 的加速电压，点对点的分辨率为 0.1nm。将样品通过超声分散在乙醇溶液中 5min，并将一滴溶液沉积在覆盖有孔状碳膜的铜网格上进行观察。

5.2.4 拉曼(Raman)光谱

拉曼(Raman)光谱是使用配备有 Peltier 冷却的 CCD 探测器的 LabRAM ARAMIS Horiba 拉曼光谱仪记录的。使用激光线[532nm/100mW(YAG)，Laser Quantum MPC600 PSU]来激发样品。

5.2.5 低温氮气吸附-脱附(N_2 adsorption/desorption)

使用商业的 BET 装置(TriStar，Micromeritics)在 77K 下通过 N_2 吸附测量样品

的 BET 表面积。在 N_2 吸附之前，将样品在动态真空下在 250℃ 的条件下脱气 14h，以脱附其表面杂质。S_{BET} 是使用 BET 方法从 N_2 等温线中计算的样品比表面积。样品的孔径分布是根据其在 N_2 等温线的脱附分支上获得的结果确定的。

5.2.6 衰减全反射傅里叶变换红外光谱(ATR-FTIR)

使用配备有 Smart Diamond ATR(attenuated total reflection，衰减全反射)附件的 Nicolet iS10 FTIR 光谱仪(Thermo Scientific)进行傅里叶变换红外光谱(Fourier transform infrared spectroscopy，FTIR)的测量，以检查预处理样品的表面成分，光谱范围为 400~4000cm^{-1}。

5.2.7 程序升温脱附(TPD)

GF 样品的含氧官能团通过在配备有多通道质谱仪(mass spectrometer，MS)的 Micromeritics ASAP-2100 装置上进行的程序升温脱附(temperature-programmed desorption，TPD)来确定。在标准的表征程序步骤中，将 50mg 样品装入反应管中，然后在 50℃ 下用 He(50mL/min)冲洗 1h。之后，以 5℃/min 的加热速率将样品温度从 50℃ 升高到 1000℃。对测试样品析出的物种质谱的监测强度分别为 $m/e=28$(CO)和 44(CO_2)。

5.2.8 热重分析(TGA)

在 TGA-Q5000 Sorption Analyzer(TA Instrument)上通过在空气(25mL/min)下进行热重分析(thermogravimetric analyses，TGA)，以 10℃/min 的加热速率将样品温度升至 1000℃。

5.2.9 氢气程序升温还原(H_2-TPR)

氢气程序升温还原(H_2 temperature-programmed reduction，H_2-TPR)是在配备多通道质谱仪的 Micromeritics ASAP-2100 装置上进行的。在标准的表征程序中，先将 50mg 样品在 Ar 气流下以 130℃ 加热 1h，然后将其冷却至室温。紧接着将气流从 Ar 切换到 50mL/min 的 10% H_2/Ar 混合气流后，通过以 10℃/min 的线性增加温度的速率来加热样品。以 $m/e=2(H_2)$ 的强度监测样品所析出的物种。

5.2.10 X 射线光电子能谱(XPS)

使用配备有 AlKα 阳极(hν = 1486.6eV)的 MULTILAB 2000(THERMO)光谱仪进行载体和催化剂的 X 射线光电子能谱(X-ray photoelectron spectroscopy, XPS)的测量，样品进行信号采集 10min，以获得良好的信噪比。样品峰的反卷积分析是用 Thermoelectron Company 的"Avantage"程序进行的。C 1s 相对于费米能级的光电子结合能被设定为 284.6eV，并将其用作校准其他峰位置的参考数据。

5.2.11 氢气程序升温脱附(H_2-TPD)

氢气程序升温脱附(H_2 temperature-programmed desorption, H_2-TPD)是在配备多通道质谱仪的 Micromeritics ASAP-2100 装置上进行的。在标准的 TPD 程序中，在表征实验前，在 50mL/min 的 10% H_2/Ar 混合气流下在 350℃ 中还原 50mg 样品 1h。然后将样品温度在 10% H_2/Ar 混合气流中保持在 50℃ 下 1h。紧接着将混合气流切换成 50mL/min 流速的 He，并将样品在 He 中 50℃ 下冲洗 1h。最后，以 10℃/min 的加热速率将样品温度从 50℃ 升至 800℃。以 $m/e=2(H_2)$ 的强度监测样品所析出的物种。

5.3 石墨毡基结构碳材料催化剂的反应性能评价

5.3.1 H_2S 的气相氧化反应

O_2 对 H_2S 的催化选择性氧化反应[化学反应方程式(5-1)]是在全玻璃的微反应器中等温度的环境下进行操作的。在反应过程中，还可能发生其他的副反应：用过量的 O_2 连续地氧化所形成的产物硫或直接氧化 H_2S 以产生 SO_2[化学反应方程式(5-2)和式(5-3)]。反应的温度由 K 型热电偶和微型调节器进行控制。气体混合物向下通过催化剂床层。在催化反应测试前，反应器在室温下用 He 冲洗，直到在反应管出口处未检测到 O_2 的痕迹。之后 He 流被含有水蒸气的氦气流所取代。将催化剂缓慢加热至反应的温度，然后湿的氦气流被反应气混合物所取代。气体(H_2S、O_2、He)流速由连接到控制单元的 Brooks 5850TR 质量流量控制器进行监测和控制。反应物进料的组成为 H_2S(1%的体积分数), O_2(1.25%或2.5%的体积分数), H_2O(10%或30%的体积分数)和 He(平衡)。在进料中使用相对高浓度的水蒸气是出于尽可能地接近实际工业生产操作条件的意愿,因为在前 Claus 装置中所形成的水蒸气在氧化步骤之前未被去除,而是保留在处理过的尾气中。水蒸气(10%或30%的体积分数)是通过 He 流鼓泡通过含有保持在56℃或81℃的水的液体罐,将蒸汽(10%或30%的体积分数)送入反应气体混合物中。O_2 与 H_2S 物质的量比在1.25~2.5变化,每小时质量空速(weight hourly space velocity, WHSV)为 $0.05h^{-1}$ 或 $0.1h^{-1}$。需要注意的是,本研究中使用的 WHSV 接近于实际工业生产过程中用于这种反应的通常的 WHSV,即 $0.09h^{-1}$。

$$H_2S+(1/2)O_2 = (1/n)S_n+H_2O \qquad \Delta H=-222kJ/mol \tag{5-1}$$

$$(1/n)S_n+O_2 = SO_2 \qquad \Delta H=-297kJ/mol \tag{5-2}$$

$$H_2S+(3/2)O_2 = SO_2+H_2O \qquad \Delta H=-519kJ/mol \tag{5-3}$$

该反应以连续模式进行操作,并且由于在这些反应温度下 S 的分压相对较高,反应过程中形成的 S 将被汽化,并且在反应器出口处在保持室温的捕集器中被进一步冷凝。

使用配备有 Chrompack CP-SilicaPLOT 毛细管柱和热导检测器(thermal conductivity detector, TCD)的 Varian CP-3800 气相色谱(gas chromatography, GC)在线分析反应器入口和出口的气体组成,可以检测 O_2、H_2S、H_2O 和 SO_2。H_2S 和 SO_2 的检测极限值约为 10×10^{-6}。实验结果以 H_2S 转化率和 S 的选择性通过百分比的形式进行记录。S 和 SO_2 的选择性百分比以100%为基准进行计算。S 的平衡是根据冷阱中回收的固体硫所测量到的 S 的总和,和对 SO_2 的选择性,以及根据催化剂上 H_2S 转化率计算的理论 S 的产量进行计算得出的。S 的平衡约为92%,其差异可能是因为:①SO_2 在反应器出口处溶解到冷凝水中;②冷阱中固体硫的回收不完全;③冷阱中冷凝硫的不完全回收导致其样品在称量过程中的不确定性。

5.3.2 α,β-不饱和肉桂醛的液相加氢反应

肉桂醛(CAD)的选择性加氢反应将生成三种反应产物,即由 C ═ C 键选择

性加氢所形成的氢化肉桂醛(HCAD)，由 C ═ O 键选择性加氢所形成的肉桂醇(CAL)和由不饱和的 C ═ C 和 C ═ O 键完全加氢所形成的氢化肉桂醇(HCAL)(见图 5-3)。

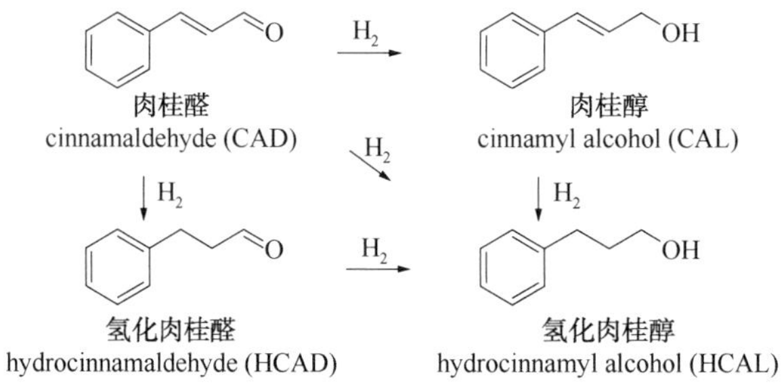

图 5-3　肉桂醛液相选择性加氢反应的路线

在第 7 章中，CAD 的选择性加氢反应是在玻璃反应器(体积 = 250mL)中在 1atm 下进行的。Pd/GF 催化剂被固定在机械搅拌器的玻璃支架上，因此既可用作催化剂，也可用作机械搅拌器。目前正在评估其他搅拌器所装备的催化剂配置对加氢性能的影响，如 Leon 等报道的研究工作，即 T 形搅拌器。液相反应介质为在二噁烷(Alfa Aesar)溶剂(100mL)中含有已知浓度(0.08mol/L)的 CAD(Sigma-Aldrich)，并用油浴将其以 5℃/min 的加热速率从室温加热到反应温度(80℃)。使用二噁烷代替乙醇，以避免任何可能导致更重的副产物形成的均相反应的发生。在 80℃ 下，将催化剂浸入液相反应介质中并以不同的速度(250 ~ 500r/min)进行旋转搅拌。H_2 以 50mL/min 的流速连续供应到反应器的液相介质中。

氢气流由 Brooks 5850 TR 质量流量控制器进行控制和调节。定期抽出液体反应物，并在配备有 PONA 色谱柱和火焰离子化检测器(flame ionization detector, FID)的 Varian 3800 CX 装置上通过气相色谱(gas chromatography, GC)方法进行分析。使用在二噁烷溶液中稀释的纯组分对反应产品进行校准。加氢反应的转化率和产物的分布根据 GC 的结果计算得出。

参 考 文 献

[1] DUONG-VIET C, LIU Y F, BA H, et al. Carbon nanotubes containing oxygenated decorating defects as metal-free catalyst for selective oxidation of H_2S[J]. Applied Catalysis B: Environ-

mental, 2016, 191: 29-41.

[2] XU Z X, DUONG-VIET C, BA H, et al. Gaseous nitric acid activated graphite felts as hierarchical metal-free catalyst for selective oxidation of H_2S[J]. Catalysts, 2018, 8: 145-162.

[3] LEON M A, NIJHUIS T A, SCHAAF J. van der, et al. Mass transfer modeling of a consecutive reaction in rotating foam stirrer reactors: Selective hydrogenation of a functionalized alkyne[J]. Chemical Engineering Science, 2012, 73: 412-420.

第6章 结构石墨毡作为 H_2S 气相选择性氧化反应的多级非金属催化剂

6.1 引言

自过去十几年以来，由氮掺杂碳基质组成的纳米碳基非金属催化剂在多相催化领域引起了越来越多的科学和工业研究人员的关注。根据 Gong 等的文献报道，碳基质内部引入杂原子(N、S 或 P)，可导致形成非金属催化剂，该催化剂可以激活氧键以在不同的催化反应中形成反应物中间体。这些非金属催化剂中研究最多的形式是由掺杂氮原子的 CNTs 组成的，该 CNTs 已被广泛应用于多种催化过程。最近，Ba 等和 Tuci 等的研究表明，由食品原料合成的氮掺杂介孔碳膜在氧还原反应(ORR)、乙苯直接脱氢反应和 H_2S 选择性氧化反应等不同的催化过程中表现出优异的反应性能。这种氮掺杂的非金属催化剂在随反应时间或循环次数的测试中表现出极高的稳定性，这可以直接归因于碳基体内直接掺入的氮杂原子的完全缺乏的烧结。

氮位点也可以有效地被含有表面缺陷的 CNTs 取代，这些 CNTs 装饰有含氧官能团，用于将 H_2S 选择性氧化成元素硫。这种全碳的非金属催化剂在长期持续的测试时间和恶劣的反应条件下(高空速、低 O_2 与 H_2S 比)表现出高稳定性。在已报道的文献中，这些含氧官能团的引入通常是通过用不同的氧化剂，如液体的 HNO_3、H_2SO_4、$KMnO_4$、H_2O_2，或通过气态反应物如氧气等离子体、臭氧或者

CO_2。液相处理的主要缺点是会产生大量的酸废物，并且需要通过随后的洗涤步骤以去除吸附在样品表面的残留酸。如此，气相处理似乎是在碳基表面生成含氧官能团的最合适方法。最近，Luo 等研究表明，由 CNTs 组成的催化剂在臭氧处理下对不同的催化过程表现出较高的催化性能。这种纳米催化剂的主要缺点是纳米尺寸使得其难以处理和运输，并在工业固定床反应器配置中引起高压降。同时，由于其尺寸不利于人的呼吸，纳米催化剂的回收也会带来健康问题。此外，CNTs 合成还需要使用具有爆炸性和毒性的有机化合物和 H_2，同时由于副产物的后处理还会导致操作的高成本。而且在去除生长催化剂的纯化过程中需要对合成样品进行连续的酸和碱处理，还会产生大量的废水，这也会带来环境方面的问题。因此，开发具有高孔隙率、低成本、合成过程对环境友好、宏观外形可控且易于工业生产放大的新型非金属碳基催化剂以取代非金属纳米碳材料具有重要意义。

本章介绍了使用具有氧化性的气态 HNO_3 在市售的宏观碳丝材料表面产生具有暴露的棱柱平面并用氧官能化基团装饰的石墨缺陷。这种 OGF 将直接作为非金属催化剂进行催化反应测试，用于选择性氧化炼油厂排放物中的 H_2S，以防止空气污染。事实上，从含有 H_2S 的工业废气中进行硫回收(主要来自炼油厂和天然气厂)已成为一个越来越重要的话题，因为 H_2S 是一种剧毒化合物，并且是一种主要的空气污染物，其进入大气后会引起酸雨。硫回收过程一般是通过克劳斯反应选择性地将 H_2S 转化为元素硫：$2H_2S+SO_2 \rightarrow (3/n)S_n+2H_2O$。然而，由于克劳斯平衡反应的热力学限制，废气中仍然存在体积分数高达 3%的 H_2S 残留。为了在释放到大气中之前排出气体中残留的 H_2S，现已开发了一种称为超级克劳斯的新工艺，即利用 O_2 将 H_2S 一步催化选择性氧化为元素硫：$H_2S+(1/2)O_2 \rightarrow (1/n)S_n+H_2O$。超级克劳斯工艺是一个直接氧化过程，因此不受热力学平衡的限制。在本研究中，与未经处理的催化剂相比，经处理的非金属催化剂表现出极高的催化性能和稳定性。反应的催化位点可归因于在气态 HNO_3 处理下在 GF 表面产生的由羰基、酸酐和羧基等含氧官能团修饰的结构缺陷。需要注意的是，就文献结果而言，迄今为止还没有使用氧化的商用 GF 直接作为具有可控宏观外形的非金属催化剂的研究报道。与 CNTs 或 CNFs 相比，GF 不仅能避免纳米碳使用所带来的在健康方面的不确定性，还具有经过验证的工业化生产和有竞争力的生产成本。

6.2 石墨毡非金属催化剂及其氧化脱硫性能研究

6.2.1 酸处理石墨毡的表征分析

图 6-1(a)~(d)所示为不同放大倍率的 SEM 图，气态 HNO_3 处理后，GF 内部的丝状结构完全保留。如 SEM 分析所示[见图 6-1(d)和(e)]，HNO_3 处理的 GF 内部的丝状纤维被均匀的碳结节所装饰。高放大倍率的 SEM 图[见图 6-1(e)和(f)]也证明了 GF 样品横截面上裂缝和孔洞的形成(用箭头表示)，这种裂纹可归因于酸处理过程中石墨结构的氧化分解。需要注意的是，与原始石墨材料的光滑表面相比，酸处理还会导致形成更粗糙的石墨表面[见图 6-1(f)]，这种粗糙度可归因于在处理过的样品表面所形成的石墨结构缺陷。

高分辨率的 SEM 图[见图 6-2(a)]证明了整个碳丝纤维表面的缺陷和一些以离散结核形式表现的碳挤压的形成。对样品进行的能量色散 X 射线分析(energy dispersive X-ray，EDX)表明酸处理后样品表面存在与碳密切相关的氧元素[见图 6-2(b)~(d)]，这证实了高浓度的含氧官能团所装饰的表面缺陷。

对于工业应用，催化剂应以可控制的宏观形状制备，以避免操作处理和运输中可能会遇到的问题，并防止催化剂固定床层内过大的压降。在目前的合成方法中(见图 6-3)，GF 可通过剪裁变成不同的宏观形状，即具有不同孔的颗粒和圆盘，而这些形状具体取决于碳材料样品的下游应用。合成的 GF 可以直接用作非金属催化剂(参见本书第 8 章的催化应用)，也可用作催化剂载体，当被作为催化剂载体使用时，其缺陷表面可能导致所负载的活性金属的高分散性和稳定性。宏观外形还允许其在液相催化过程中具有较好的催化剂/产物分离能力，而这种分离对于粉末状催化剂来说成本高昂。

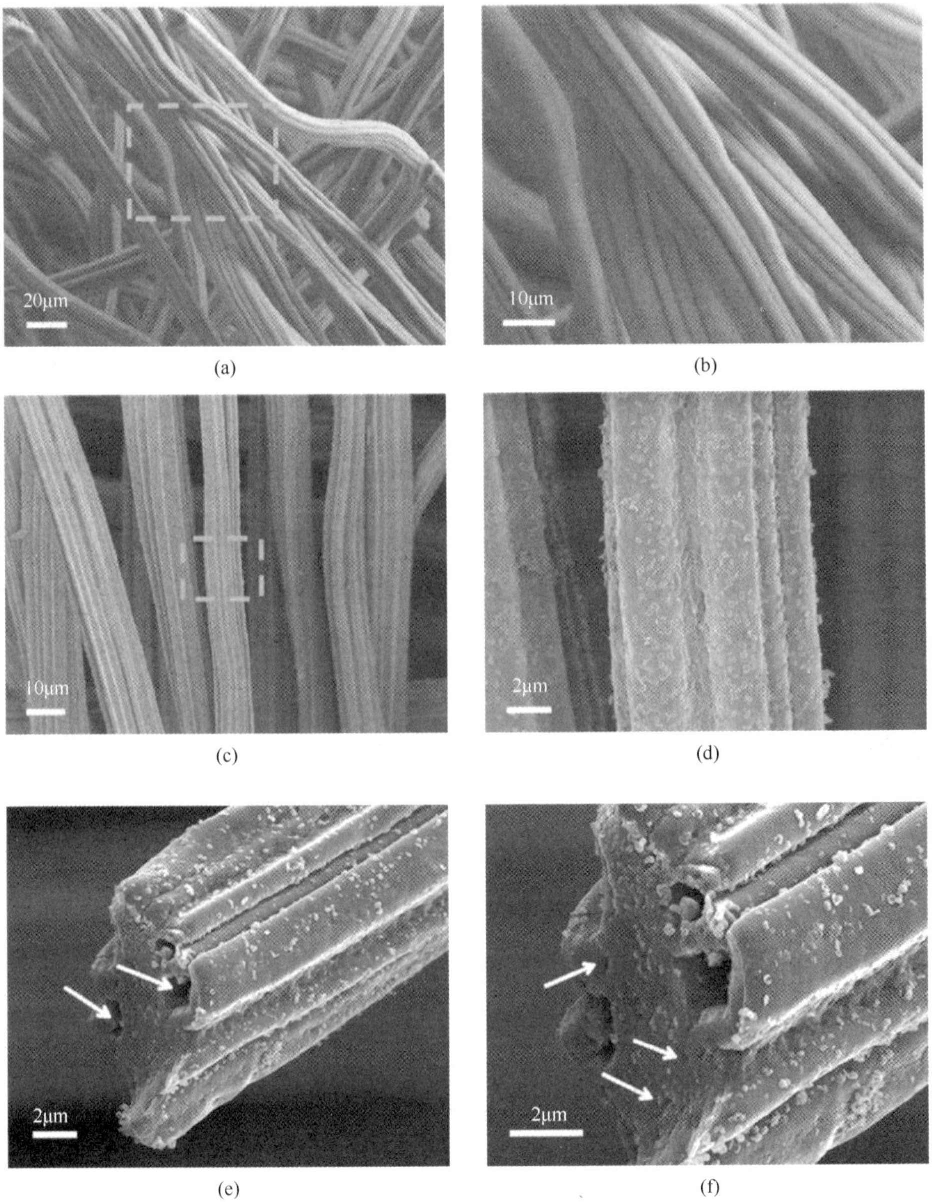

图 6-1 SEM 图：(a)和(b)原始商业 GF 与(c)和(d)在 250℃下气态 HNO_3 处理 24h 后的 GF 样品(标注为 OGF-24)，显示其表面形成的纳米结核。具有中高分辨率的 SEM 图(e)和(f)揭示了 OGF-24 横截面上裂纹的形成(用箭头表示)以及酸处理后更粗糙的表面结构

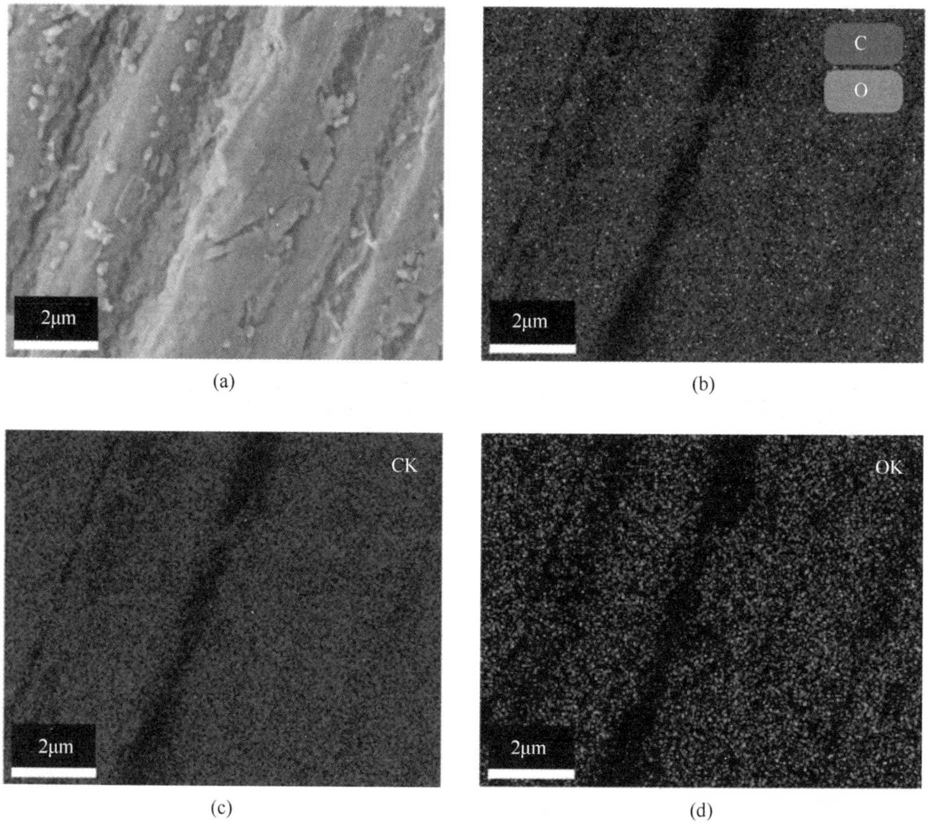

图 6-2 (a)酸处理 GF 的 SEM 图(OGF-24),(b)元素分析显示样品表面存在的 C 和 O 元素,(c)和(d)OGF-24 表面 C 元素和 O 元素的元素图

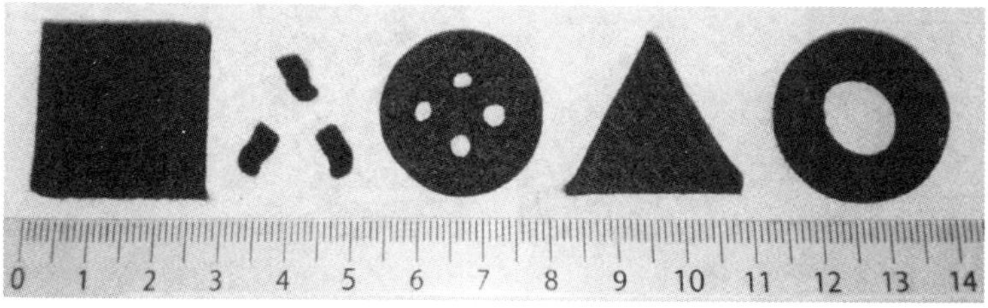

图 6-3 具有不同宏观外形的 GF,可适用于气相和液相工艺中的各种催化应用

根据之前对 CNTs 的研究报道,酸处理导致在碳材料表面形成石墨缺陷,该缺陷将由含氧官能团进行修饰。可以推断这种缺陷将通过气态 HNO_3 蒸汽和石墨

样品之间的氧化反应形成，而所形成的石墨缺陷的功能化预计将通过气相介质中 O_2 的部分分解来实现。在酸处理工艺中，沿石墨微丝表面所形成的缺陷也显著增加了被处理材料的整体的比表面积(SSA)。酸处理丝状 GF 的 SSA 随着酸处理持续时间的延长而稳定增加，如图 6-4(a)和(b)所示。结果表明，气态 HNO_3 处理 30h 后，丝状 GF 的 SSA 从 $10m^2/g$ 逐步提高到 $300m^2/g$ 以上。应该指出的是，如此高的 SSA 此前在经过化学处理的商用微丝碳纤维中从未被考虑过。SSA 的增加是因为在样品处理过程中 C 的去除所形成的具有更高有效 SSA 的多孔石墨结构(参见 TEM 分析)。由此可见，这种孔隙率是在碳丝表面或附近形成的，因此，CMs 的宏观外形才得以被允许完全保持，当然也不能排除在原始石墨微丝内部可能产生一些多孔网络。气态酸处理还会引起碳基质的整体氧化，这将导致处理后的材料的质量与原始材料相比有所减轻。这种现象已经被 Xia 等报道。酸处理过程中的质量损失是由于碳丝的氧腐蚀，其中部分石墨化程度较低的碳被去除，留下碳结节或孔隙率，如 SEM 所观察到的那样。根据初始质量和酸处理后的质量所计算的以处理持续时间为变量参数的质量损失如图 6-4(b)所示。

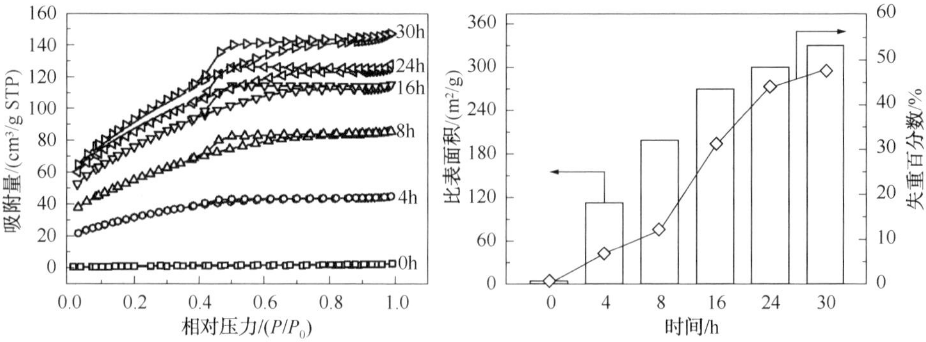

图 6-4 N_2吸附-脱附等温线(a)，不同处理持续时间下的酸处理碳基材料的质量损失(—◇—)和比表面积(柱)变化(b)

可见，在酸处理过程中所发生的腐蚀现象是 GF 样品 SSA 增加的原因，这与文献报道的用气态 HNO_3 或 O_3-H_2O 混合物处理的 CNTs 的腐蚀现象相似。该处理诱导形成了沿碳纤维轴线的表面孔隙，也就是腐蚀，这显然有助于改善所处理样品整体的 SSA。如图 6-5 所证明，这些缺陷也是氧插入在 GF 样品表面由此产生含氧官能团的地方。

样品的质量损失随着酸处理持续时间的增加而增加，特别是持续时间超过 8h 以后。预计低温失重可以归因于多孔的无定形碳的去除，因为它们被认为比石墨碳丝更具活性，而在高温下，质量损失与石墨结构中碳的去除以及在保留的碳丝壁上所形成的结构缺陷和结节有关。事实上，在更恶劣的处理条件下，即更长的处理持续时间，质量损失将变得显著，如在 250℃ 下处理 8h 和 24h 后所记录的样品质量损失分别为 12% 和 44%。结果显示，石墨有三个不同的失重区域：①在处理持续时间<8h 时，氧化过程相对较慢，这可能是由于 GF 表面的低反应性；②在处理持续时间为 8～24h 时，氧化速率显著增加，这可能是由于石墨样品通过先前产生的表面缺陷而深度氧化；③在处理持续时间>24h 时，氧化过程变得几乎平缓，这可能是由于某些扩散问题阻碍了样品的深度氧化过程。通过记录原始的和 HNO_3 处理样品的 XPS 测量光谱[见图 6-5(a)]，可以清楚地观察到酸处理样品中 O 元素的掺入。需要注意的是，XPS 分析允许测量出距离表面约 6nm 深度的元素浓度，因此无法准确检测出位于距离表面>6nm 的部分的含氧官能团。图 6-5(b) 中的去卷积的 O1s 谱图显示了 3 个峰的存在，这些峰可以分配给 C ═ O(酮、醛、醌等)、—C—OH、—C—O—C—(醇、醚)和—O—C ═ O(羧酸、酯)等氧物种。

采用拉曼光谱研究了不同持续时间的气态 HCO_3 处理后的 GF 石墨结构的变化。如图 6-5(c)所示，每个样品都显示出了对应于不同碳质结构的 3 个拉曼峰：G 带归因于理想的石墨晶格，约位于 $1580cm^{-1}$，D 带($\sim 1350cm^{-1}$)与结构缺陷相关，以及位于$\sim 1620cm^{-1}$处的 D′带对应于无序的石墨碎片。I_D/I_G 比值随着酸处理持续时间的增加而增加[见图 6-5(d)]。在处理 24h 后，I_D/I_G 比值从原始 GF 的 0.77 增加到 1.86。同时，$I_{D'}/I_G$ 从 0.26 增加到 0.80，增长了 2 倍以上。这表明强酸性的氧化剂蚀刻了 GF 的石墨晶格，并产生了更多的缺陷和无序的石墨碎片。此外，对样品进行处理的时间越长，获得的结构缺陷和无序片段就越多。与 SEM 图一致，酸处理的蚀刻效果使 GF 具有极其粗糙的表面和更多的宏观碳碎片。此外，G 带向更高的波数偏移约 8cm^{-1}，这可能是由于酸处理过的样品表面所产生的含氧官能团(已经得到 XPS 和 TPD 结果的证实)造成的，如 O—H 弯曲和 C ═ O 拉伸。

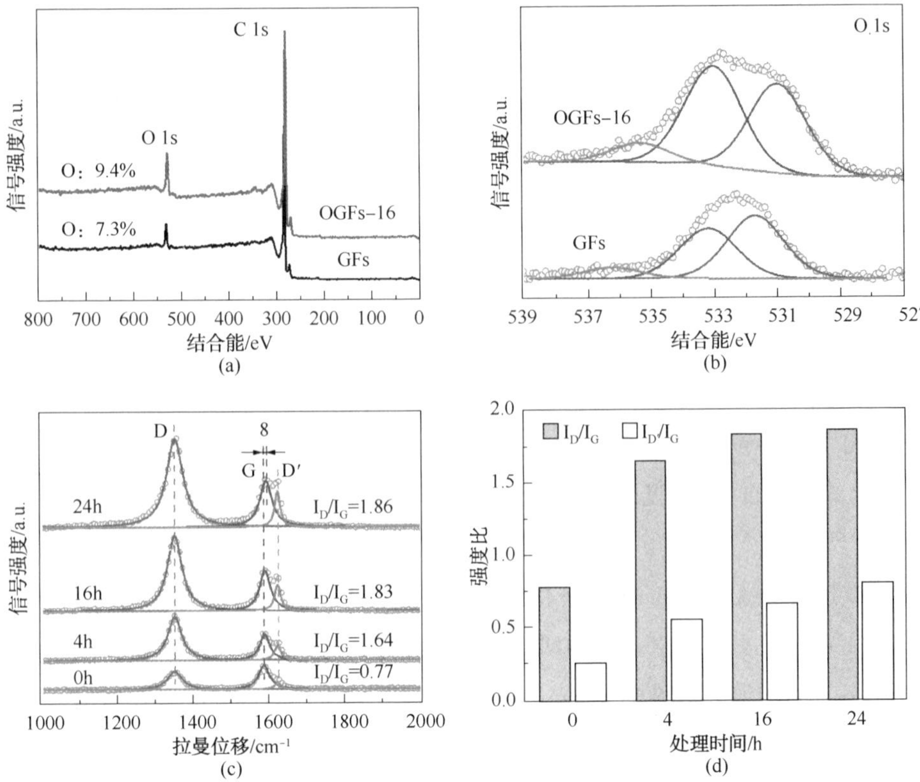

图 6-5 (a)OGF-24 与原始 GF 的 XPS 测量的比较，(b)反卷积的 O 1s 呈现出样品表面的氧物种，(c)拉曼光谱和(d)原始 GF 和不同酸处理持续时间的 OGFs 的 I_D/I_G和 $I_{D'}/I_G$比值

表 6-1 所示为不同持续时间的酸处理后的样品的物理特性。

表 6-1 样品的物理化学性质与其酸处理持续时间的关系

酸处理时间/h	SSA①/(m^2/g)	质量损失②/%	I_D/I_G③	$I_{D'}/I_G$③	O/at%④	T_{WL}⑤/℃
0	10	0	0. 77	0. 26	7. 3	802
4	112	7	1. 64	0. 55	—	—

续表

酸处理时间/h	SSA①/(m^2/g)	质量损失②/%	I_D/I_G ③	$I_{D'}/I_G$ ③	O/at%④	T_{WL} ⑤/℃
8	196	12	—	—	—	—
16	268	31	1.83	0.66	—	685
24	298	44	1.86	0.80	9.4	612
30	329	48	—	—	—	—

注：①指 BET 的比表面积。

②指酸处理后样品的质量损失。

③指根据拉曼光谱计算的 I_D/I_G 和 $I_{D'}/I_G$ 比值。

④指 XPS 分析得到的表面氧元素的原子百分比。

⑤指由 TG/DTG 图得到的失重峰的温度。

⑥“—”指未检测。

TEM 分析也被用于研究 HNO_3 处理对 GF 微观结构的影响(见图 6-6)。与原始 GF 上的平行石墨层[见图 6-6(a)和(b)]相比，在酸处理的 GF 的丝状碳的外部区域[见图 6-6(c)和(d)中的箭头指出]存在多孔结构并伴随着无序石墨碎片的形成，这与 SSA 和 Raman 的分析结果相一致。TEM 分析显示，与原始 GF[见图 6-6(b)]相比，在 OGF 样品中形成了密度较低的石墨结构[见图 6-6(c)]。由高分辨率的 TEM 图[见图 6-6(d)]可以清楚地看到酸处理样品的多孔结构。这种现象可能是因为酸处理过程中气态 HNO_3 氧化了较弱石墨化的碳，并由此形成了具有较高的缺陷密度的缠结的碳侧壁。

根据 TEM 结果可以预期在酸处理过程中，石墨结构的一部分受到缓慢侵蚀，导致样品的质量随着处理时间的增加而减轻，留下具有缺陷的多孔结构，这有助于材料的比表面积随着酸处理时间的增加。这种腐蚀过程解释了 SEM 观察到的原始 GF 内部的碳丝内裂缝和孔洞的形成。这些产生的孔隙结构具有表面高度缺陷并被含氧官能团装饰，因此有望成为非金属催化剂以及具有高密度锚定位点的催化剂载体以承载金属或氧化物纳米颗粒。最近的研究表明，在臭氧和水存在下处理后的缺陷修饰的 CNTs 表现出对于金属 NPs 锚定的高效率。OGF 的多孔结构将通过透射电子显微镜断层扫描(TEM-3D)技术进行详细研究，以描绘 OGF 材料的孔隙率及其对金属 NPs 分散的影响。

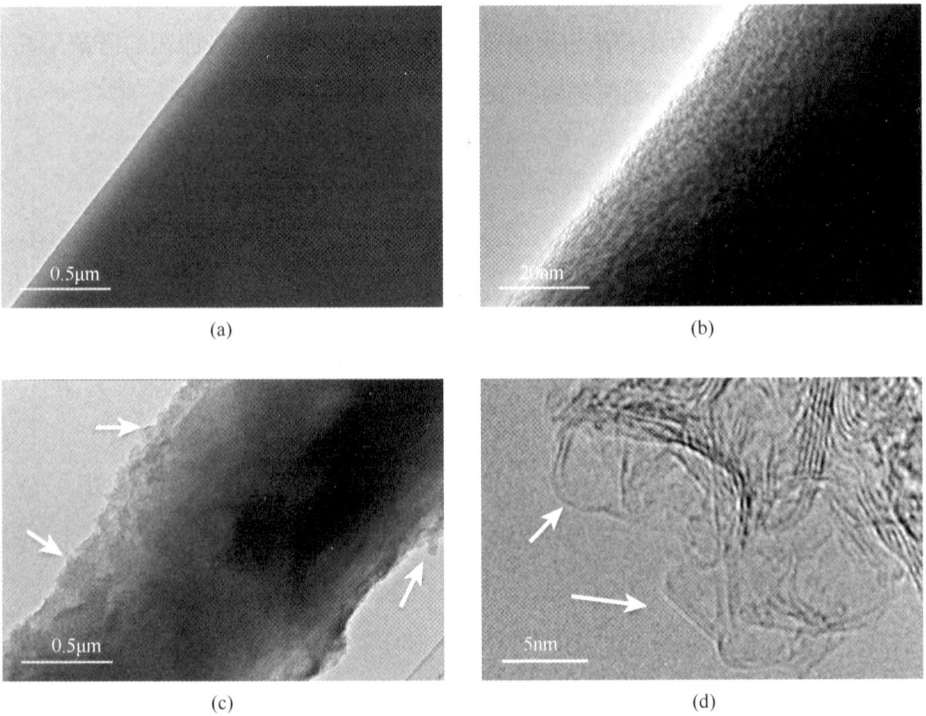

图 6-6 GF(a)(b)和 OGF-24(c)(d)的 TEM 图，在 OGF 上生成的表面缺陷用箭头标示

采用 TPD-MS 对 GF 表面存在的不同的含氧官能团的表征进行了研究。表面含氧基团可通过其高温分解所释放的分子类型及其相关的峰面积和其分解温度进行评估。在 TPD 过程中产生的 CO($m/e=28$)和 CO_2($m/e=44$)的量作为温度函数(见图 6-7)。CO_2 的逸出归因于羧酸、酸酐和内酯基团的分解[见图 6-7(a)]，而 CO 的逸出是由酸酐、酚类和羰基等基团分解引起的[见图 6-7(b)]。通过对释放的 CO_2 和 CO 峰进行解卷积，表 6-2 所示为通过 TPD 测定的相应含氧官能团的量。CO 和 CO_2 浓度随着处理持续时间的增加而增加，证实了含氧官能团的形成直接取决于酸处理，这与 XPS 的分析结果相一致[见图 6-5(a)和(b)]。

可以推测出酸处理持续时间的延长增加了 CMs 的缺陷密度，进而增加了与此类缺陷直接相关的含氧官能团的数量。此外，经过气相氧化处理 30h 后，样品上的 O 元素总量从原始 GF 的 165μmol/g 增加到 OGF-30 上的 9116μmol/g。其他研究小组在使用酸活化工艺用于合成高活性炭基催化剂载体的过程中也发现了类似的研究结果。迄今为止，从未报道过使用这种具有高效比表面积的有缺陷的宏观 OGFs 材料作为非金属催化剂的研究数据。

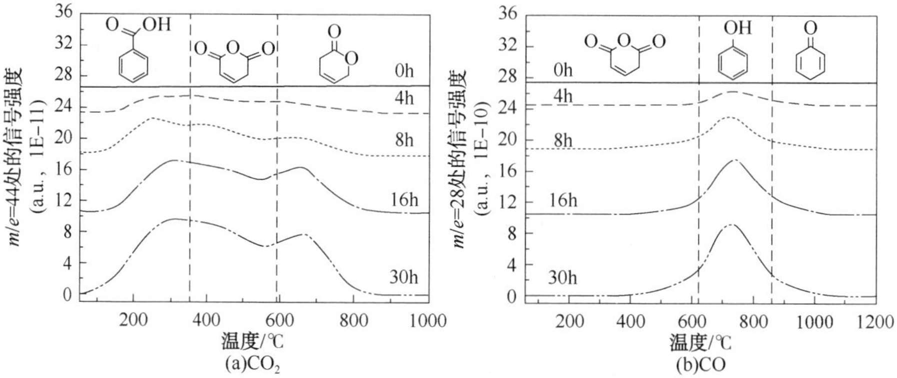

图 6-7　TPD 曲线在 250℃和不同处理持续时间下不同酸处理样品的 CO_2 和 CO 的释放随解吸温度的演变

表 6-2　根据 TPD 曲线测定的样品上含氧官能团含量与 250℃下的酸处理持续时间的函数关系

酸处理持续时间/h	脱附的 CO_2/(μmol/g)			脱附的 CO/(μmol/g)			全部的 O 元素/(μmol/g)
	羧酸基团	酸酐基团	内酯基团	酸酐基团	酚基团	羰基团	
0	—	—	—	—	—	—	165
4	53	187	128	141	951	230	1691
8	134	486	148	332	2199	498	3797
16	304	626	412	527	3865	660	6393
30	422	1186	424	735	5462	887	9116

热重分析(TG/DTG)通常被用于研究 CMs 的氧化稳定性。如图 6-8 所示，所有样品在热处理过程中都表现出失重步骤，这是由于碳在高温下的燃烧引起的。显然，DTG 曲线上 OGF-16 的失重峰温度(685℃)低于原始 GF(802℃)，表明酸处理过程后样品上形成了高活性的石墨物种。同时，随着处理时间延长，即 24h 而不是 16h，观察到 OGF-24(612℃)的氧化分解温度进一步下降。

一方面，根据拉曼和透射电镜的结果[见图 6-5(c)和图 6-6]，这些具有活性的碳物种可能与结构缺陷的存在或无序的石墨结构有关，其表现出比原始石墨材料更低的热稳定性。另一方面，较高的比表面积(见图 6-4)在 OGF 样品和反应物气体之间为碳材料提供更多的接触表面，这可能有利于碳样品的氧化过程。此外，酸处理产生的丰富的含氧官能团(见表 6-1)可能是 O_2 解离吸附的活性位点。由此可以推测出所有这些参数将积极地减弱酸处理 GF 的抗氧化性。

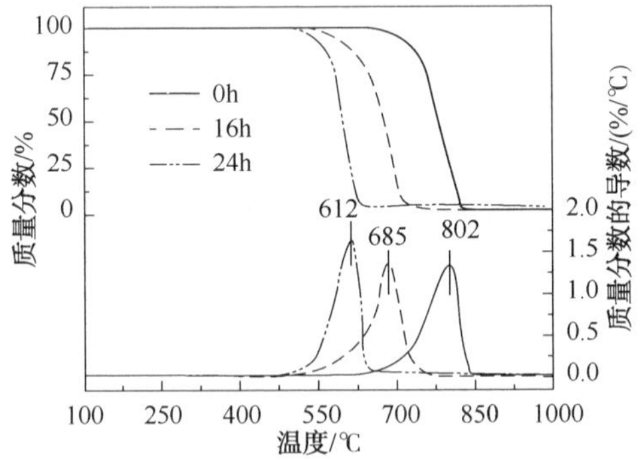

图 6-8 原始 GF、OGF-16 和 OGF-24 的 TG/DTG 图

6.2.2 OGFs 作为非金属催化剂用于 H_2S 的气相选择性氧化反应

在接近实际工业生产的反应条件下，对 GF 和 OGF-16 催化剂进行了气相 H_2S 选择性氧化生成单质硫的催化实验。在所有酸处理的样品中选择 OGF-16 作为催化剂是根据以下事实：①OGF-16 在酸处理过程中表现出相对较高的比表面积和较低的质量损失；②与酸处理持续时间较长的样品相比，OGF-16 也显示出更高的抗氧化性。原始 GF 催化剂在进行的操作反应条件下没有明显的脱硫活性，因此证实了其对 H_2S 氧化反应没有活性。在 230℃和 250℃的反应温度下，在 OGF-16 催化剂上获得的脱硫反应性能(H_2S 转化率和 S 的选择性)随反应时间的变化如图 6-9(a)所示。OGF-16 催化剂在质量空速(weight hourly space velocity，WHSV)为 0.05h^{-1}时表现出相对较高的 H_2S 转化率，总的 H_2S 转化率为 87%，S 的选择性为 83%。此外，需要注意的是，脱硫活性在超过几十个小时的反应运行时间的变化中保持稳定，这表明催化剂并未失活。这种较高的脱硫

活性可归因于在较高的酸处理温度（250℃）下产生的 OGF-16 催化剂上被含氧官能团所修饰的石墨缺陷的高热稳定性。HNO_3 处理的 CNTs 也报告了类似的实验结果，预计这些催化剂都具有相同的活性中心。Jiang 等报道了具有丰富孔洞、边缘和正拓扑分散的纯碳纳米笼表现出相对较好的氧还原性能，甚至优于未掺杂的 CNTs 的氧还原性能。在本研究中，控制 OGFs 催化剂的宏观外形使其具有更多优势，因为可以根据下游的反应应用在大范围内改变催化剂的形状。

将反应温度从 230℃提高到 250℃会导致 H_2S 转化率的明显改善，即 99%而不是 87%，同时 S 选择性从 83%略微降低到 77%，这是因为较高的反应温度有利于在反应进料中存在过量 O_2 的情况下将 S 完全氧化为 SO_2。然而，经过一段时间的诱导，其间 H_2S 转化率和 S 选择性都有了部分的改进和改变，然后催化剂在其余的反应测试中都保持稳定状态，这再次证实了催化剂的高稳定性。

将 WHSV 从 $0.05h^{-1}$ 增加到 $0.1h^{-1}$，同时将反应温度保持在 250℃，导致 H_2S 转化率从 100%略微降低到 90%，然后保持稳定状态［见图 6-9（b）］。在较高的空速下，S 选择性从 75%略微增加到 82%，并且在测试中保持稳定。这些实验结果与文献报道非常吻合，因为增加 WHSV 将导致反应物的停留时间缩短，从而降低反应过程中反应物解离的速率。催化剂计算出的比活性为 $0.56mol_{H_2S}/g_{催化剂}/h$，这与其他非金属催化剂报道的比活性接近。为了进一步提高催化性能，可以使用通过压缩从而具有更高比重的 OGF 以减少催化剂床内的空隙。

研究表明，OGF 非金属催化剂即使在相对较高的反应温度（250℃）和高 H_2S 浓度下也表现出较高的 S 选择性，即>70%。预计这种 S 的高选择性与 GF 载体的高导热性有关，GF 载体可通过催化剂基体有效地分散反应所产生的热量，避免对 S 选择性不利的局部热点的形成。类似的研究结果发生在中等导热的碳化硅载体上，其内部局部热点的缺乏导致 H_2S 选择性氧化反应的选择性显著提高，并伴随着其他热反应，如费托合成，二甲醚和丙烯的合成。在本研究中观察到的相对较高的 S 的选择性也可归因于样品内部存在的较大空隙，这些空隙将可能有利于 S 的中间体物种在完全氧化之前从催化剂中快速排出。

含有 H_2S 的排放物可能来自不同的源头，其所包含的各种水蒸气浓度从少量到百分之几，如来自沼气厂或克劳斯(Claus)反应器的排放气。由于竞争性吸附的问题，水蒸气浓度会对脱硫性能产生显著影响，如H_2S转化率和S选择性。水蒸气浓度对脱硫反应的影响的研究结果如图6-10所示。在保持其他反应条件相同的情况下，将反应物进料中的水蒸气浓度从30%降低到10%会导致相似的H_2S转化率，即99%，但是S的选择性从75%显著提高到85%。该结果表明，即使在相对较高的反应温度下，水蒸气也能发生凝结从而在催化剂内部的孔隙产生水膜，这有利于氧气的解离，导致更高的S的完全氧化以产生SO_2。降低水蒸气浓度会导致催化剂表面可用的O原子数量减少，从而降低对SO_2的选择性。这种假设可通过降低O_2与H_2S比率来证实，保持其他反应条件不变，降低O_2与H_2S比率似乎对S选择性几乎没有影响，而观察到H_2S转化率略有下降。这种结果可归因于催化剂表面解离的氧物种与H_2S反应，通过平行反应途径产生S和SO_2，但是其反应速率并不相同。降低O_2与H_2S的比率会导致反应过程中可以使用的氧物种减少，从而降低了H_2S转化率。最后，关于水蒸气对H_2S转化的影响，应该注意的是，在所使用的反应条件下，H_2S几乎全部转化，这使得反应条件影响较小的一些研究变得困难，如水蒸气浓度。因为在如此高的H_2S转化率下，不能排除一些活性位点已经失活的事实。

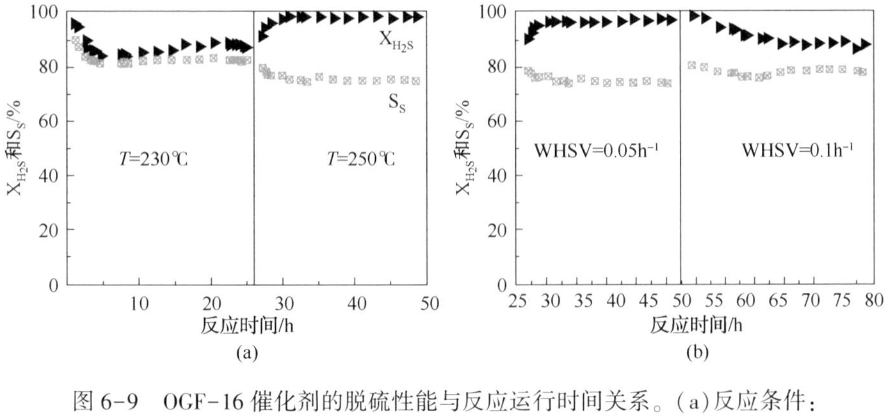

图6-9 OGF-16催化剂的脱硫性能与反应运行时间关系。(a)反应条件：[H_2S]=1%(体积分数，下同)，[O_2]=2.5%，[H_2O]=30%，WHSV=0.05h^{-1}。(b)反应条件：[H_2S]=1%，[O_2]=2.5%，[H_2O]=30%，反应温度=250℃

需要注意的是，250℃的反应温度略高于通常用于在其他非金属碳基催化剂

上将 H_2S 选择性氧化成元素硫的反应温度。然而，在 OGF-16 非金属催化剂上，S 选择性仍然相对较高，即在低的水蒸气浓度而且 H_2S 几乎全转化的情况下 S 选择性>70%，甚至≥85%（见图 6-10）。这样的结果可归因于催化剂的大的开孔率，也就是 90%的空隙，这使得反应生成的硫物种在与过量的 O 进行二次反应产生 SO_2 之前能够迅速地逃逸出催化剂。还需要注意的是，在苛刻的反应条件下，即 WHSV 为 0.1h^{-1}和较高的反应温度，在 H_2S 转化率和 S 的选择性方面，催化剂也表现出相对较高的稳定性，尤其是在这种反应条件下 H_2S 不完全转化表明所有的活性位点都参与了反应，这也再次证实了在缺陷位点上的含氧官能团的优势。这样的结果非常有意义，因为通常在含有氧化物或金属催化剂上烧结是样品在严苛的反应条件下随反应时间失活的主要原因。

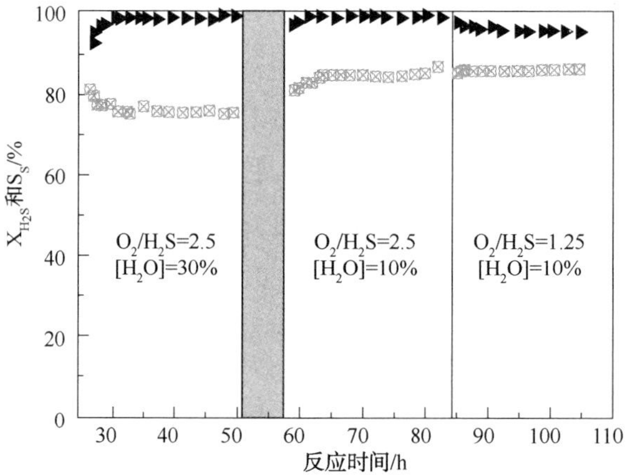

图 6-10　水蒸气浓度和 O_2/H_2S 比对原始 GF 在 250℃下气态 HNO_3 处理 16h 的催化剂样品（OGF-16）脱硫性能的影响，反应条件：$[H_2S]$=1%（体积分数），反应温度=250℃，以及质量空速 WHSV=0.05h^{-1}

研究表明，酸处理的 GF 可作为有效的非金属催化剂用于将 H_2S 选择性氧化成单质硫。表 6-3 所示为不同催化剂的反应结果，并将 OGF-16 与其他报道的非金属催化剂进行了比较。与其他在较高空速和温度下运行的非金属催化剂相比，OGF-16 催化剂表现出相对较高的硫的选择性。结果表明，OGF-16 催化剂对 H_2S 选择性氧化的效率较高，这可能是由于该催化剂较大的开放的孔隙，为反应提供了高的中间产物硫物种的逸出速度。

表 6-3 在不同的非金属催化剂上 H_2S 选择性氧化为硫的反应性能

催化剂	T/℃	[H_2S]/%(体积分数)	[O_2]/%(体积分数)	[H_2O]/%(体积分数)	WHSV/h^{-1}	X_{H_2S}①/%	S_S②/%	Y_S③/%	参考文献
OGF-16	250	1	2.5	10	0.1	98	86	84	本研究
O-CNTs-250-24	230	1	2.5	30	0.6	95	76	72	[16]
N-CNTs/SiC-750	190	1	2.5	30	0.6	97	75	73	[52]

注：①指最大的 H_2S 转化率。

②指相应的 S 选择性。

③指相应的 S 的收率($Y_S=X_{H_2S}\times S_S$)。

6.3 本章小结

研究表明，气态 HNO_3 氧化是一个高效的预活化步骤，可通过低成本而且可用的商业丝状 GF 生成具有含氧官能团的表面缺陷修饰的活性非金属碳基催化剂。气态酸处理导致高比表面积的碳基材料的形成，该材料在多种催化过程中用作非金属催化剂或催化剂载体。需要注意的是，这是第一次报道这样的研究结果，因为文献仅报道了基于纳米碳的非金属催化剂，其合成往往需要苛刻的反应条件并面临着与废物处理相关的问题。根据所得的实验结果，在气态酸处理过程中，丝状碳壁上产生的缺陷和含氧官能团的形成为 H_2S 和 O_2 的吸附提供了活性位点，这些将有助于在与工业生产相似的反应条件下将 H_2S 选择性氧化成元素硫。在恶劣的反应条件下，随着反应时间的变化，该催化剂表现出相对较高的 S 选择性以及相对较高的稳定性，表明在反应过程中不太可能发生因样品表面污染或者含氧官能团的去除而导致的催化剂失活。高的比表面积以及表面的多孔结构对于新型催化体系的开发非常有帮助。这种多级非金属催化剂可以制备出具有不同的宏观形状以应对下游应用。目前的研究工作正在评估这种碳基材料作为分层的宏观载体用于负载金属 NPs，这种材料可用于其他的催化过程，如需要活性相的高分散性和强锚定以防止因为催化剂烧结(气相反应)或者活性金属浸出(液相反应)而导致的长期失活，同时该材料还可用于催化剂回收方面的研究。

参 考 文 献

[1] SU D S, PERATHONER S, CENTI G. Nanocarbons for the development of advanced catalysts [J]. Chemical Reviews, 2013, 113(8): 5782-5816.

[2] TESSONNIER J P, SU D S. Recent progress on the growth mechanism of carbon nanotubes: a review[J]. ChemSusChem, 2011, 4(7): 824-847.

[3] DUONG-VIET C, BA H, TRUONG-PHUOC L, et al. Nitrogen-doped carbon composites as metal-free catalysts[M]. Amsterdam: Elsevier Series Book, 2016.

[4] LIANG J, DU X, GIBSON C, et al. N-doped graphene natively grown on hierarchical ordered porous carbon for enhanced oxygen reduction [J]. Advanced Materials, 2013, 25 (43): 6226-6231.

[5] WEI W, LIANG H W, PARVEZ K, et al. Nitrogen-doped carbon nanosheets with size-defined mesopores as highly efficient metal - free catalyst for the oxygen reduction reaction [J]. Angewandte Chemie International Edition, 2014, 53(6): 1570-1574.

[6] TANG Y F, ALLEN B L, KAUFFMAN D R, et al. Electrocatalytic activity of nitrogen-doped carbon nanotube cups [J]. Journal of the American Chemical Society, 2009, 131: 13200-13201.

[7] GONG K P, DU F, XIA Z H, et al. Nitrogen-doped carbon nanotube arrays with high electrocatalytic activity for oxygen reduction[J]. Science, 2009, 323(5915): 760-764.

[8] LIU Y, JIN Z, WANG J Y, et al. Nitrogen-doped single-walled carbon nanotubes grown on substrates: evidence for framework doping and their enhanced properties [J]. Advanced Functional Materials, 2011, 21(5): 986-992.

[9] TUCI G, PILASKI M, BA H, et al. Unraveling surface basicity and bulk morphology relationship on covalent triazine frameworks with unique catalytic and gas adsorption properties [J]. Advanced Functional Materials, 2017, 27(7): 1605672.

[10] TRUONG-HUU T, CHIZARI K, JANOWSKA I, et al. Few-layer graphene supporting palladium nanoparticles with a fully accessible effective surface for liquid - phase hydrogenation reaction[J]. Catalysis Today, 2012, 189(1): 77-82.

[11] ZHANG J T, QU L T, SHI G Q, et al. N, P-codoped carbon networks as efficient metal-free bifunctional catalysts for oxygen reduction and hydrogen evolution reactions[J]. Angewandte Chemie International Edition, 2016, 55(6): 2230-2234.

[12] TUCI G, ZAFFERONI C, ROSSIN A, et al. Chemical functionalization of N-doped carbon nanotubes: a powerful approach to cast light on the electrochemical role of specific N-functionalities in the oxygen reduction reaction[J]. Catalysis Science & Technology, 2016, 6(16): 6226-6236.

[13] LV R T, CUI T X, JUN M S, et al. N-doped carbon nanotube-graphene hybrid nanostructures as high-performance catalyst support[J]. Advanced Functional Materials, 2011, 21(5): 999-1006.

[14] BA H, LIU Y F, TRUONG-PHUOC L, et al. N-doped food-grade-derived 3D mesoporous foams as metal-free systems for catalysis[J]. ACS Catalysis, 2016, 6(3): 1408-1419.

[15] TUCI G, LUCONI L, ROSSIN A, et al. Aziridine-functionalized multiwalled carbon nanotubes: robust and versatile catalysts for the oxygen reduction reaction and knoevenagel condensation[J]. ACS Applied Materials & Interfaces, 2016, 8(44): 30099-30106.

[16] DUONG-VIET C, LIU Y F, BA H, et al. Carbon nanotubes containing oxygenated decorating defects as metal-free catalyst for selective oxidation of H_2S[J]. Applied Catalysis B: Environmental, 2016, 191: 29-41.

[17] QI W, LIU W, GUO X L, et al. Oxidative dehydrogenation on nanocarbon: intrinsic catalytic activity and structure-function relationships[J]. Angewandte Chemie International Edition, 2015, 54(46): 13682-13685.

[18] PEREIRA M F R, ÓRFÃO J J M, FIGUEIREDO J L. Oxidative dehydrogenation of ethylbenzene on activated carbon catalysts. I. Influence of surface chemical groups[J]. Applied Catalysis A: General, 1999, 184: 153-160.

[19] AVILÉS F, CAUICH-RODRÍGUEZ J V, MOO-TAH L, et al. Evaluation of mild acid oxidation treatments for MWCNT functionalization[J]. Carbon, 2009, 47(13): 2970-2975.

[20] HIURA H, EBBESEN T W, TANIGAKI K. Opening and purification of carbon nanotubes in high yields[J]. Advanced Materials, 1995, 7(3): 275-276.

[21] QUI N V, SCHOLZ P, KRECH T, et al. Multiwalled carbon nanotubes oxidized by UV/H_2O_2 as catalyst for oxidative dehydrogenation of ethylbenzene[J]. Catalysis Communications, 2011, 12(6): 464-469.

[22] MAHATA N, PEREIRA M F, SUAREZ-GARCIA F, et al. Tuning of texture and surface chemistry of carbon xerogels[J]. Journal of Colloid and Interface Science, 2008, 324(1-2): 150-155.

[23] SIMMONS J M, NICHOLS B M, BAKER S E, et al. Effect of ozone oxidation on single-walled carbon nanotubes[J]. Journal of Physical Chemistry B, 2006, 110: 7113-7118.

[24] HUANG R, XU J Y, WANG J, et al. Oxygen breaks into carbon nanotubes and abstracts hydrogen from propane[J]. Carbon, 2016, 96: 631-640.

[25] LUO J J, LIU Y F, WEI H, et al. A green and economical vapor-assisted ozone treatment process for surface functionalization of carbon nanotubes[J]. Green Chemistry, 2017, 19: 1052-1062.

[26] HU J Q, GUO Z L, CHU W, et al. Carbon dioxide catalytic conversion to nano carbon material on the iron-nickel catalysts using CVD-IP method[J]. Journal of Energy Chemistry, 2015, 24(5): 620-625.

[27] LIU Y F, DINTZER T, ERSEN O, et al. Carbon nanotubes decorated α-Al_2O_3 containing cobalt nanoparticles for Fischer-Tropsch reaction[J]. Journal of Energy Chemistry, 2013, 22: 279-289.

[28] WIĘCKOWSKA J. Catalytic and adsorptive desulphurization of gases[J]. Catalysis Today, 1995, 24: 405-465.

[29] ZHANG X, TANG Y Y, QU S Q, et al. H_2S-selective catalytic oxidation: catalysts and processes[J]. ACS Catalysis, 2015, 5(2): 1053-1067.

[30] BASHKOVA S, BAKER F S, WU X X, et al. Activated carbon catalyst for selective oxidation of hydrogen sulphide: On the influence of pore structure, surface characteristics, and catalytically-active nitrogen[J]. Carbon, 2007, 45(6): 1354-1363.

[31] SHINKAREV V V, GLUSHENKOV A M, KUVSHINOV D G, et al. Nanofibrous carbon with herringbone structure as an effective catalyst of the H_2S selective oxidation[J]. Carbon, 2010, 48(7): 2004-2012.

[32] PIÉPLU A, SAUR O, LAVALLEY J C, et al. Claus catalysis and H_2S selective oxidation[J]. Catalysis Reviews-Science and Engineering, 1998, 40(4): 409-450.

[33] LIU Y F, DUONG-VIET C, LUO J J, et al. One-pot synthesis of a nitrogen-doped carbon composite by electrospinning as a metal-free catalyst for oxidation of H_2S to sulfur[J]. ChemCatChem, 2015, 7(18): 2957-2964.

[34] KELLER N, PHAM-HUU C, LEDOUX M J. Continuous process for selective oxidation of H_2S over SiC-supported iron catalysts into elemental sulfur above its dewpoint[J]. Applied Catalysis A: General, 2001, 217: 205-217.

[35] LEE E K, JUNG K D, JOO O S, et al. Catalytic wet oxidation of H_2S to sulfur on V/MgO catalyst[J]. Catalysis Letters, 2004, 98: 259-263.

[36] CLAUS C. F., British Patent, 1883, 5958.

[37] XIA W, JIN C, KUNDU S, et al. A highly efficient gas-phase route for the oxygen functionalization of carbon nanotubes based on nitric acid vapor[J]. Carbon, 2009, 47(3): 919-922.

[38] CANCADO L G, JORIO A, FERREIRA E H, et al. Quantifying defects in graphene via Raman spectroscopy at different excitation energies[J]. Nano Letters, 2011, 11(8): 3190-3196.

[39] SADEZKY A, MUCKENHUBER H, GROTHE H, et al. Raman microspectroscopy of soot and related carbonaceous materials: Spectral analysis and structural information[J]. Carbon, 2005, 43(8): 1731-1742.

[40] DATSYUK V, KALYVA M, PAPAGELIS K, et al. Chemical oxidation of multiwalled carbon nanotubes[J]. Carbon, 2008, 46(6): 833-840.

[41] THANH T T, BA H, TRUONG-PHUOC L, et al. A few-layer graphene-graphene oxide composite containing nanodiamonds as metal-free catalysts[J]. Journal of Materials Chemistry A, 2014, 2(29): 11349-11357.

[42] LUO J J, WEI H, LIU Y F, et al. Oxygenated group and structural defect enriched carbon nanotubes for immobilizing gold nanoparticles[J]. Chemical Communications, 2017, 53: 12750-12753.

[43] ERSEN O, HIRLIMANN C, DRILLON M, et al. 3D-TEM characterization of nanometric objects[J]. Solid State Sciences, 2007, 9(12): 1088-1098.

[44] FIGUEIREDO J L. Functionalization of porous carbons for catalytic applications[J]. Journal of Materials Chemistry A, 2013, 1(33): 9351-9364.

[45] SHI W, ZHANG B S, LIN Y M, et al. Enhanced chemoselective hydrogenation through tuning the interaction between Pt nanoparticles and carbon supports: Insights from identical location transmission electron microscopy and X-ray photoelectron spectroscopy[J]. ACS Catalysis, 2016, 6(11): 7844-7854.

[46] SCHEIBE B, BOROWIAK-PALEN E, KALENCZUK R J. Oxidation and reduction of multiwalled carbon nanotubes — preparation and characterization[J]. Materials Characterization, 2010, 61(2): 185-191.

[47] CHU W, RAN M F, ZHANG X, et al. Remarkable carbon dioxide catalytic capture(CDCC) leading to solid-form carbon material via a new CVD integrated process(CVD-IP): An alterna-

tive route for CO_2 sequestration[J]. Journal of Energy Chemistry, 2013, 22(1): 136-144.

[48] BOM D, ANDREWS R, JACQUES D, et al. Thermogravimetric analysis of the oxidation of multiwalled carbon nanotubes: evidence for the role of defect sites in carbon nanotube chemistry [J]. Nano Letters, 2002, 2(6): 615-619.

[49] RAN M F, SUN W J, LIU Y, et al. Functionalization of multi-walled carbon nanotubes using water-assisted chemical vapor deposition[J]. Journal of Solid State Chemistry, 2013, 197: 517-522.

[50] JIANG Y F, YANG L J, SUN T, et al. Significant contribution of intrinsic carbon defects to oxygen reduction activity[J]. ACS Catalysis, 2015, 5(11): 6707-6712.

[51] SHINKAREV V V, GLUSHENKOV A M, KUVSHINOV D G, et al. New effective catalysts based on mesoporous nanofibrous carbon for selective oxidation of hydrogen sulfide[J]. Applied Catalysis B: Environmental, 2009, 85(3/4): 180-191.

[52] DUONG-VIET C, TRUONG-PHUOC L, TRAN-THANH T, et al. Nitrogen-doped carbon nanotubes decorated silicon carbide as a metal-free catalyst for partial oxidation of H_2S[J]. Applied Catalysis A: General, 2014, 482: 397-406.

[53] LIU Y F, ERSEN O, MENY C, et al. Fischer-tropsch reaction on a thermally conductive and reusable silicon carbide support[J]. ChemSusChem, 2014, 7: 1218-1239.

[54] LACROIX M, DREIBINE L, de TYMOWSKI B, et al. Silicon carbide foam composite containing cobalt as a highly selective and re-usable Fischer-Tropsch synthesis catalyst[J]. Applied Catalysis A: General, 2011, 397(1/2): 62-72.

[55] ELAMIN M M, MURAZA O, MALAIBARI Z, et al. Microwave assisted growth of SAPO-34 on β-SiC foams for methanol dehydration to dimethyl ether[J]. Chemical Engineering Journal, 2015, 274: 113-122.

[56] LIU Y, PODILA S, NGUYEN D L, et al. Methanol dehydration to dimethyl ether in a platelet milli-reactor filled with H-ZSM5/SiC foam catalyst[J]. Applied Catalysis A: General, 2011, 409-410: 113-121.

[57] JIAO Y L, YANG X D, JIANG C H, et al. Hierarchical ZSM-5/SiC nano-whisker/SiC foam composites: Preparation and application in MTP reactions[J]. Journal of Catalysis, 2015, 332: 70-76.

[58] DUONG-VIET C, BA H, EL-BERRICHI Z, et al. Silicon carbide foam as a porous support platform for catalytic applications[J]. New Journal of Chemistry, 2016, 40: 4285-4299.

第7章　结构石墨毡负载Pd纳米催化剂用于α，β-不饱和肉桂醛的液相选择性加氢反应

7.1　引言

催化过程是我们日常生活中商品和化合物生产的重要组成部分。许多催化过程是在液相介质中进行的，其中气态/液态反应物扩散到位于固体催化剂表面的活性位点，比气相反应过程中发生的扩散高几个数量级。这种扩散会显著降低催化剂的内在活性，并通过副反应改变反应工艺整体的选择性。此外，大多数液相反应的催化剂是粉末状形式，这需要高效的催化剂产品回收步骤。事实上，粉末状催化剂和产品回收是一个复杂的过程，在回收过程中经常会遇到催化剂的损失。为了促进催化剂和产物的分离，一些方法已经被尝试和开发，如具有磁性的载体、含有催化剂的篮子，以及在块体或泡沫主体基质上涂覆纳米碳载体的结构催化剂。然而，大多数基于块体和泡沫的结构化体系是由相对较厚的超过100μm甚至更多的主体基质结构构成的，这可能会阻碍反应物扩散到位于载体孔隙内的活性相。多孔网络的曲折性也会引起较长的表观停留时间，这将有利于副反应的发生。尽管在回收步骤方面具有优势，但由于扩散的限制，这种结构催化剂仍然受制于较低的催化性能。开发具有更好性能的新型催化剂载体，表明从另一方面通过提供具有高的有效比表面积、降低的扩散限制和低的压降的适当结构来提高催化性能。它通过减少副产物中毒引起的失活，显著有助于催化过程的选择性以及催化剂的长期稳定性。对于液相反应，使用结构化的催化剂代替浆料催化剂可以避免昂贵且耗时的过滤过程来进行催化剂与最终产品的分离。结构催化剂还可

以防止浆料反应器在剧烈搅拌下由于小颗粒磨损以及催化剂颗粒和搅拌器之间的连续冲击而导致细小颗粒的生成，这些将导致过滤装置堵塞。最后，结构催化剂内部产生的微湍流也有助于提高反应物的混合程度，从而提高催化性能。

CMs的发展，特别是CNTs/CNFs和石墨烯等的发展，在多相催化过程领域越来越受到科学和工业研究人员的关注。由于其较高的多孔结构，对酸性或碱性介质优异的耐受性能，显著的导电性和导热性，特别是通过燃烧可较为容易地对负载金属进行回收，使得CMs在被用作非均相催化剂载体时在贵金属催化的液相反应中起着至关重要的作用。然而，对于沉积在原始CMs上的贵金属催化剂，由于其金属-载体相互作用较低，导致在催化剂评价过程中金属NPs的浸出或聚集，由此产生的快速的失活、极弱的循环稳定性、低的选择性等都限制了其潜在的应用。研究表明，通过引入含氧官能团或杂原子(如N、S、P等)等对CMs的表面化学进行修饰可以克服上述问题，这些方法可以加强碳载体与金属NPs之间的相互作用或将金属NPs锚定在碳载体上。

由直径几微米的缠结的丝状石墨组成的商业GF表现出高效的比表面积以及大的空隙(互相连通的孔隙)，这些特点都有助于GF作为催化剂载体进行使用。此外，GF还广泛应用于通风柜的过滤器、高温烤箱的保温结构、吸音器等众多领域。然而，商用GF用作催化剂载体时有几个缺点：用于分散活性相的比表面积较低，表面的疏水性抑制了活性相的锚定，以及较低的金属(氧化物)和载体之间的相互作用不利于防止金属NPs在催化过程中的过度烧结。通过CVD法以活性镍为生长催化剂制备的CNFs层所修饰的GF复合材料，已经被开发并用作催化剂载体，该材料具有较高的分散性能以及较强的金属和载体之间的相互作用，以防止活性金属的过度烧结。然而，这种复合材料需要使用金属催化剂来生长CNFs，并在爆炸性气体反应物(碳氢化合物和H_2)存在的情况下进行温度相对较高的合成过程，同时还需要烦琐的纯化过程以去除CNFs生长所用的催化剂。开发新的合成方法使商业GF表面功能化，从而改善金属NPs的分散性以及在催化反应和催化剂再生过程中减少活性相的烧结(如果有的话)，同时还应简单易行和便于放大，以利于其工业化发展，而且合成的载体材料应足够坚固，以应对恶劣的反应条件，由此减少催化剂的频繁更换。该催化剂材料还应呈现出可控的宏观形状，如分层的结构催化剂，以帮助反应后催化剂和产物的回收。

本研究使用气态酸处理的商业 GF 作为锚定钯 NPs 的载体，并将其用作 α，β-不饱和化合物液相加氢的催化剂。GF 由具有开放结构(90%的空隙)的微米级的石墨丝组成，这将显著减少反应物向活性相的扩散路径。酸处理是在气态 HCO_3 的中等温度下进行的，从而形成具有微孔和介孔的碳结构，特别是位于或靠近石墨表面，这种碳结构具有较高的比表面积、可接近的孔隙率以及含氧官能团所装饰的表面缺陷。含氧官能团和石墨缺陷为 Pd 颗粒的分散提供了强大的锚定位点，而墨水瓶状孔的缺乏则显著地提高了反应物的扩散速率，从而在较高的加氢活性的同时保持较高的选择性。合成的 GF 基催化剂随后被用作液相加氢过程的具有催化作用的搅拌器，从而在反应物的混合物中回收催化剂时逐步淘汰昂贵的过滤步骤。

7.2 石墨毡负载 Pd 催化剂及其液相加氢性能研究

7.2.1 GF 和 OGF 材料

整体式 GF 可以根据下游催化过程制备成不同的宏观形状，如图 7-1(a)所示。原始 GF 的 SEM 图(见图 7-2)和在 250℃下通过气态 HNO_3 处理 4h 的氧功能化(OGF)后的样品相同，表明尽管碳的氧化导致一些质量损失，但氧化处理后结构碳的总形貌得以保留。与原始 GF 相比，气态酸处理可显著增加 OGF 的 SSA。如图 7-1(b)所示，GF 和 Pd/GF 的 N_2 吸附-解吸等温线显示 N_2 的吸附可以忽略不计，表明这两个样品的比表面积非常小，没有任何多孔结构。另外，根据 IUPAC 的分类，OGF 和 Pd/OGF 等温线表现出具有 H_4 型滞后环的Ⅳ型等温曲线，表明这两个样品中存在具有毛细管凝结的介孔结构和窄狭缝状的孔隙。事实上，HNO_3 处理的样品(OGF)的 SSA 为 $168m^2/g$，而原始 GF 的 SSA 为 $4m^2/g$。根据后面将介绍的 TEM 分析，如此大的 SSA 增加可直接归因于在氧化过程中原始 GF 内形成的具有孔或缺陷的结构。孔径分布[见图 7-1(b)]清楚地证明了氧化 GF 内部中微孔和中孔的形成，预计这是 SSA 增加的起源。需要注意的是，根据前面所介绍的 SEM 分析，孔隙率的形成并未改变材料的宏观形状，因为尽管氧化过程会产生一些固有的质量损失，但原始碳微丝的整体部分在氧化处理后保留下来。

事实上，缺陷和氧功能化是通过原始 GF 的氧化进行的，从而导致 SSA 的增加以及约占 13%(质量分数)的质量损失。

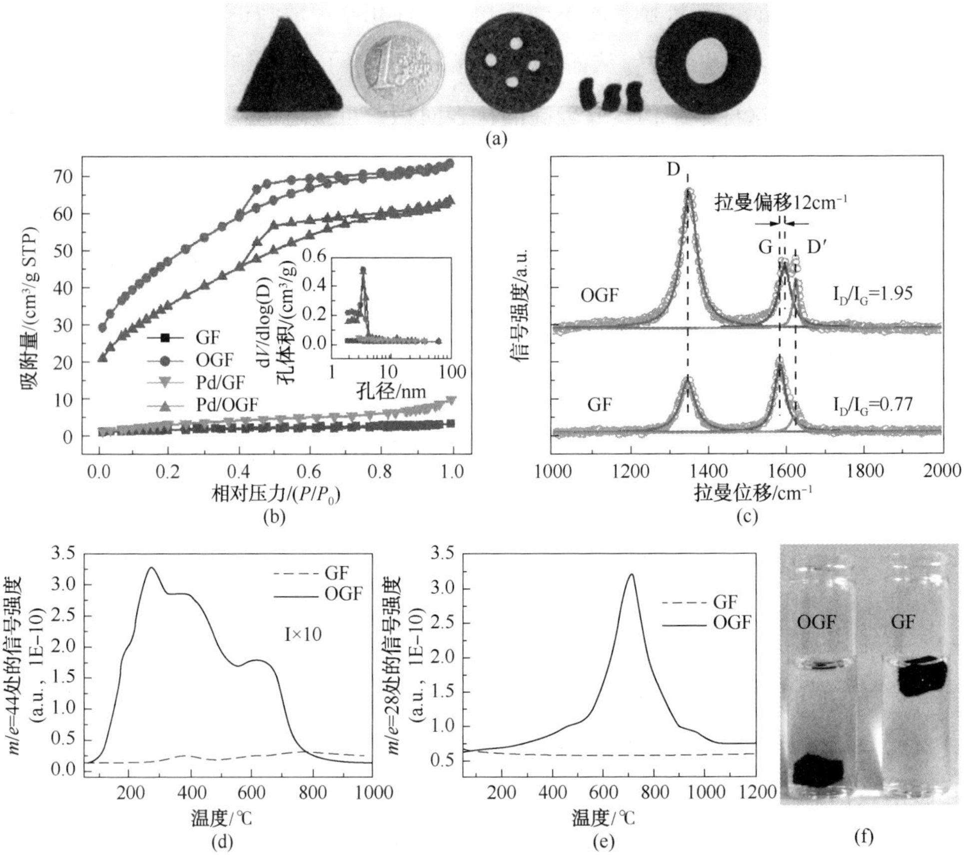

图 7-1　(a)具有不同宏观形状的 GF 的数码照片，酸处理后，宏观形状完全保留，同时观察到约 13%(质量分数)的质量损失。(b)原始 GF、OGF、Pd/GF 和 Pd/OGF 的 N_2 吸附/解吸等温线和孔径分布(插图)。(c)拉曼光谱。GF 和 OGF 在 TPD 分析过程中产生的(d) CO_2 ($m/e=44$)和(e) CO ($m/e=28$)。(f)在水中样品的数码照片，显示酸处理前(GF)和酸处理后(OGF)的表面特征变化

采用拉曼光谱研究了氧化过程后 GF 石墨结构的变化。如图 7-1(c)所示，GF 和 OGF 通过拟合都得到了对应于不同碳质结构的 3 个条带：G 带归因于在 $1580cm^{-1}$ 处的理想的石墨晶格，D 带(约 $1350cm^{-1}$)与结构缺陷相关，D′带对应于约 $1620cm^{-1}$ 处的无序的石墨碎片。氧化过程后，I_D/I_G 从 GF 的 0.77 增加到 OGF

的 1.95，而 $I_{D'}/I_G$ 从 0.26 增加到 0.84，增长了 2 倍以上。结果表明，气态氧化剂的处理显著改变了 GF 的石墨晶格，在样品内部产生了更多的缺陷和无序的石墨碎片。此外，与 GF 相比，处理过的 OGF 的 G 波段向更高的波数偏移了约 $12cm^{-1}$，这可能是因为在表面所产生的含氧官能团的存在。

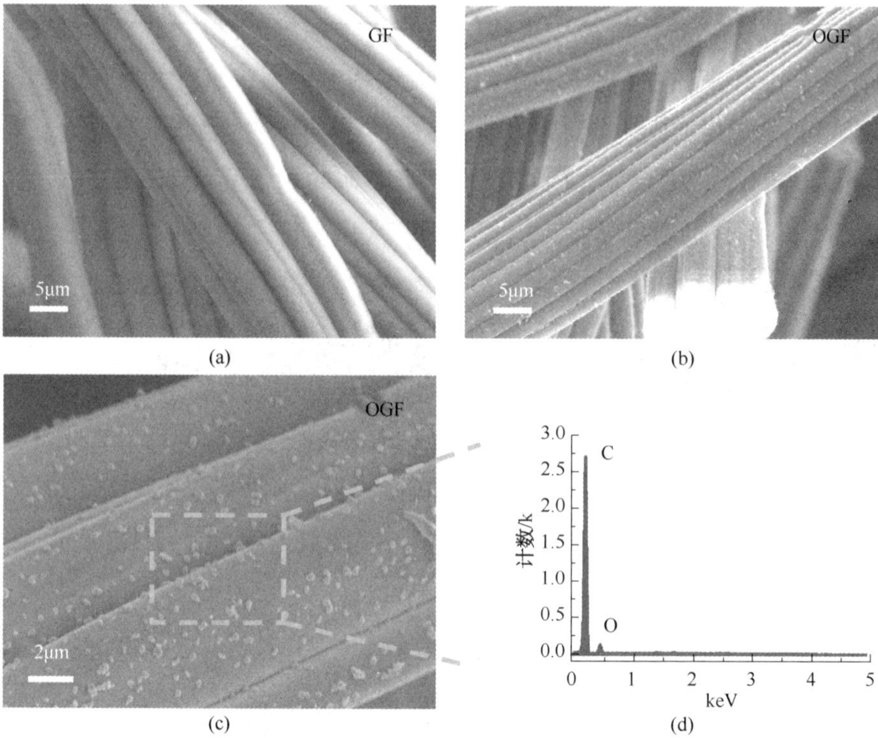

图 7-2 GF(a)、OGF(b)(c)的 SEM 图和 OGF 的 EDX 图(d)

GF 和 OGF 上存在的表面含氧官能团通过 TPD-MS 进行表征，结果如图 7-1(d)和(e)所示。根据 CO_2(来源于羧酸、酸酐和内酯)或/和 CO(源自酸酐、酚类和羰基)的演化，含氧官能团会在不同温度下被分解。根据相应的 TPD 谱图可以计算 CO_2 和 CO 的释放总量以及表面氧元素含量(见表 7-1)。TPD 结果表明，原始 GF 表面的含氧官能团极少，这与该材料的疏水特性能够较好地吻合。在气态 HNO_3 存在下在 250℃氧化处理 4h 后，根据 TPD 实验，OGF 的表面含氧官能团量增加了 18 倍以上。此外，氧化处理还给复合材料引入了亲水性，如图 7-1(f)所示，其中未经处理的 GF 保留在水介质顶部，而处理后的 OGF 稳定地沉入底部，这是由于在处理样品的缺陷或表面掺入了含氧官能团。

表 7-1　由 TPD-MS 测定的表面氧元素(以 CO 和 CO_2 的形式)

样品	CO/(μmol/g)	CO_2/(μmol/g)	表面含氧量	
			(μmol/g)	(%，质量分数)
GF	107	29	165	0.26
OGF	2423	280	2983	4.77

TEM 分析用于研究氧化处理对 GF 微观结构的影响。如图 7-3 所示，原始 GF 由有序的石墨层组成，表面孔隙很小，这与较低的 SSA 数据非常吻合。气态酸处理后，TEM 分析证明在 OGF 纤维的外部区域形成了高度多孔的碳结构[由图 7-3(c)和(d)中的箭头所指出]。

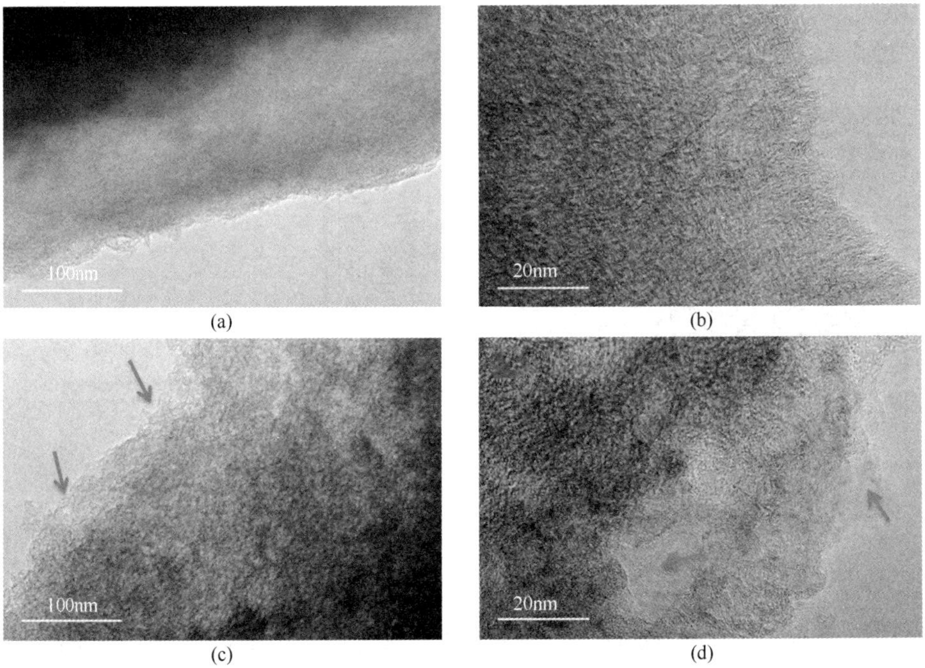

(a)　(b)　(c)　(d)

图 7-3　原始 GF(a)(b)和 OGF(c)(d)的 TEM 图，OGF 内部在氧化处理后产生的多孔微观结构用箭头突出显示

根据透射电镜的分析结果，GF 的致密的碳结构被转化为具有大量孔隙的高度多孔的碳结构。预计在酸处理过程中产生这种高度多孔的碳的同时也形成了大量的表面缺陷。这与先前对 N_2 吸附-解吸等温线的分析非常吻合，该结果表明 OGF 上的 SSA 显著增加。根据前述拉曼和 TPD 表征的结果，这种结构可能是通

过气态 HNO_3 在处理过程中氧化石墨化程度较弱的碳而形成的，从而留下具有较高含氧官能团所装饰缺陷的缠结的碳结构。将使用 TEM 在断层扫描模式下(TEM-3D)进行进一步的研究，获得样品的孔隙率分布以及金属 NPs 相对于这些孔隙的定位。结果表明，气态 HNO_3 热氧化工艺是合成含有含氧官能团修饰的结构缺陷和多孔结构的高 SSA 碳材料的有效方法。

7.2.2 Pd/OGF 的特性

使用质谱仪检测的负载型 Pd 催化剂的 H_2-TPR 谱图如图 7-4 所示。两个样品中出现的尖锐正峰可归因于 Pd 氢化物分解所引起的 H_2 释放。氢化物分解前没有任何 H_2 消耗(负峰)，表明在室温下形成零价态的 Pd。Pd/OGF 的氢化物的分解温度(88℃)低于 Pd/GF 的分解温度(96℃)，表明 Pd/OGF 的 Pd 粒径较小。此外，Pd/GF 中没有任何 H_2 消耗，这表明该样品在室温下已经被完全还原。需要注意的是，Pd/OGF 中 H_2 的演变伴随着 122℃左右一个明显的负的 H_2 消耗峰，这可以归因于与载体相互作用更强烈的 Pd 物种的还原。

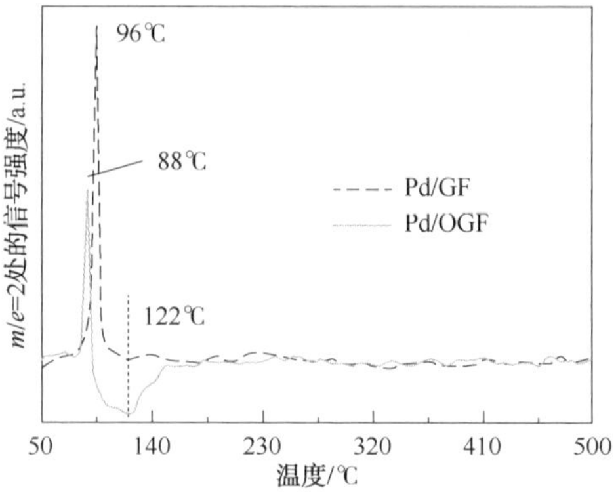

图 7-4　Pd/GF 和 Pd/OGF 样品在 H_2-TPR 测试过程中所产生的 H_2($m/e=2$)质谱谱图

采用 XPS 对催化剂进行表面元素分析，包括活性金属的分散性以及载体通过金属-载体相互作用对 Pd 相电子结构的影响。催化剂的 Pd 3d XPS 光谱[图 7-5(a)]在约 335.2eV 和 340.5eV 处呈现出两个主峰，分别对应于 Pd $3d_{5/2}$ 和 $3d_{3/2}$ 的两个峰。与文献相一致，核心级的 Pd $3d_{5/2}$ 的反卷积分峰结果揭示了主要的金属相（Pd^0，335.0eV）、氧化物态的金属（Pd^{2+}，337.2eV）和卫星峰（338.4eV）的存在。在Pd^0和Pd^{2+}之间还有一个额外的突出信号（336.0eV），比本体的Pd高约1.0eV，表明电子从Pd转移到碳载体上，导致缺电子的金属原子（$Pd^{\delta+}$）的生成。根据XPS扫描光谱确定的催化剂上每个峰的百分比以及表面Pd的原子百分比如表7-2所示。氧化物状态的Pd^{2+}归因于样品储存在空气中时形成的Pd的氧化物，在所有Pd物种中占很小比例。在这项工作中，碳载体氧化后的GF所负载的Pd中$Pd^{\delta+}$的比例增加，表明Pd相的电子特性与碳载体的性质之间存在着直接相关性。这些金属-载体相互作用对催化剂的性能至关重要，因为它们可以进一步地改善活性金属的分散性和热稳定性。此外，在两个样品中Pd负载量相似的情况下，Pd/OGF表面的Pd的原子百分比较高，表明载体的氧化过程增强了Pd物种在GF载体表面的分散性（见表7-2）。

表7-2　样品的Pd元素分析和金属粒径

样品	Pd负载量/（%，质量分数）	峰面积所占的比值/%				Pd at%①	Pd颗粒粒径②/nm	
		Pd^0	$Pd^{\delta+}$	Pd^{2+}	Sat.		还原后	反应后
Pd/GF	4.3	73.1	15.1	7.5	4.3	2.7	>13.5	>42.5
Pd/OGF	4.6	61.6	25.4	8.8	4.2	3.6	3.8±0.8	3.8±1.1

注：① 指根据XPS测量光谱确定的催化剂表面的Pd元素的原子百分比。

② 指通过透射电镜分析确定的还原后和反应后样品的Pd NPs的粒径。

其他一些研究小组也报道了碳负载Pd催化剂中$Pd^{\delta+}$相的存在，并表示这些发现与金属和载体之间的相互作用或与残留在表面的Cl原子相关的电子转移存在联系。除了实验研究结果外，理论计算还表明，电子转移可能发生在碳和所负载的活性金属之间，包括Pd、Pt、Ru和Ni等。金属原子和碳原子之间的键可以在金属和碳的界面处形成，从而为电荷转移提供有效的连接。电子转移的方向可通过使用简单的描述符来考虑，如固体物理/化学中常用的电负性。Pd（2.20）和C（2.55）之间的电负性差异导致Pd-C界面处的电子从Pd NPs转移到碳载体上。此外，由于氧（3.44）的电负性要大得多，在石墨缺陷处或附近装饰有丰富的含氧官能团的氧化的碳载体比未经处理的碳载体更倾向于从Pd NPs中吸引更多的电子。通过密度泛函理论进行计算，在Pd（111）上的单层石墨烯体系中证实了石墨烯-Pd 界面处从 Pd 到石墨烯的电荷转移。此外，氧化后的石墨烯上 Pd 团簇的相互作用能高于纯的未经处理的石墨烯载体上的相互作用能，表明金属与功能化的碳载体之间的相互作用更强。这些结果都验证了 Pd 3d 的 XPS 数据[见图 7-5(a)和表 7-2]，表明了 Pd/OGF 催化剂中 $Pd^{\delta+}$的比例更高，并且所具有的金属与载体之间的相互作用更强。

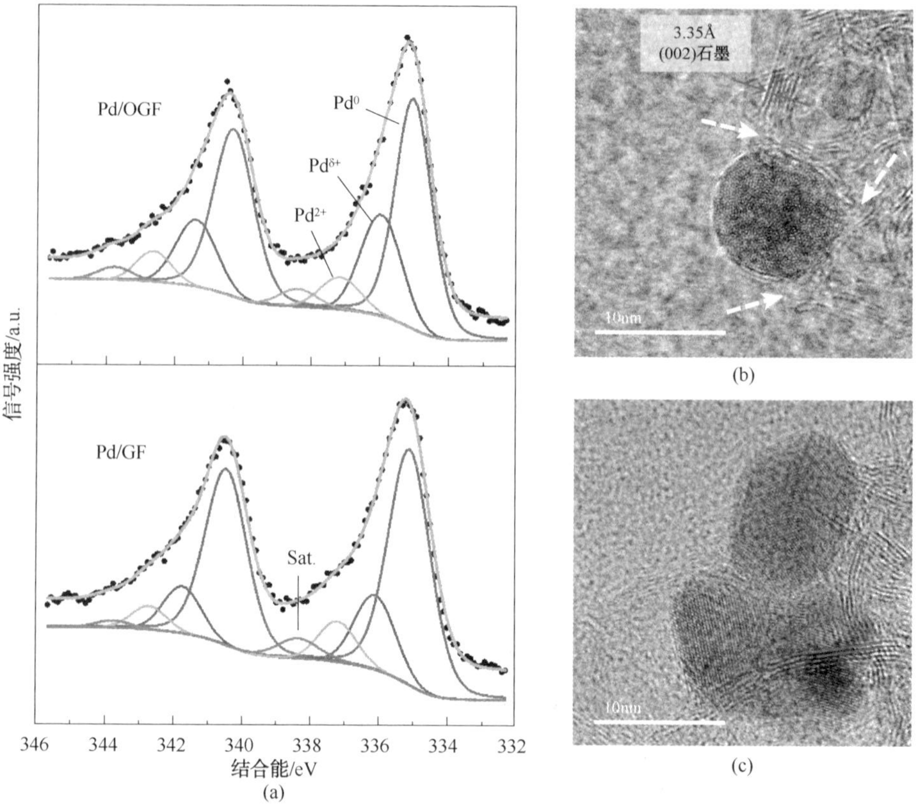

图 7-5 (a)还原后的催化剂的 XPS Pd 3d 光谱分析图以及高分辨率的 TEM 图用于(b)Pd/OGF 和(c)Pd/GF

为了从形态学上了解 XPS 分析中额外的 $Pd^{\delta+}$贡献的起源，Pd/OGF 和 Pd/GF 的高分辨率 TEM 图如图 7-3(b)和(c)所示。与 Pd/GF 中 Pd-C 界面处大多数有序且直的石墨层[见图 7-5(c)]相比，在 Pd/OGF 界面中的 Pd NPs[见图 7-5(b)]附近包围着更多的破碎和弯曲的碳层，这表明它们中的大多数与被含氧官能团所修饰的结构缺陷相结合[见图 7-5(b)中的箭头所指]，以及在 Pd-C 界面处的电荷转移可通过碳载体的氧功能化来诱导产生。

通过透射电镜研究了 GF 和 OGF 上的 Pd NPs 粒径分布，结果如图 7-6 所示。根据低放大倍率的 TEM 分析，与沉积在未处理的 Pd/GF 上的颗粒相比，Pd/OGF 催化剂中的 Pd 颗粒的尺寸更小且分布更加均匀[见图 7-6(a)、(b)和(d)、(e)]。高分辨率的 TEM 图[见图 7-6(c)和(f)]证实了 Pd NPs 的高分散性，与 Pd/GF 相比，Pd NPs 在 Pd/OGF 样品上的尺寸分布极其均匀，这可能是因为金属 NPs 与有缺陷的碳载体表面之间的强相互作用。另外，TEM 分析结果显示，未经处理的载体上 Pd NPs 的分散度要低得多，这与之前的 XPS 分析结果非常吻合。还需要注意的是，Pd NPs 在 Pd/OGF 样品中彼此分离，几乎没有聚集体的存在[图 7-6(f)]，而它们却以大的聚集体形式存在于 Pd/GF 上[图 7-6(c)]，这表明在 Pd/OGF 上存在着与缺陷碳载体相关的强烈的金属和载体之间的相互作用。在 Pd/OGF 上由超过 200 个颗粒确定的 Pd NPs 的粒径分布相对较窄，其平均值约为 4nm[见图 7-6(f)插图]。

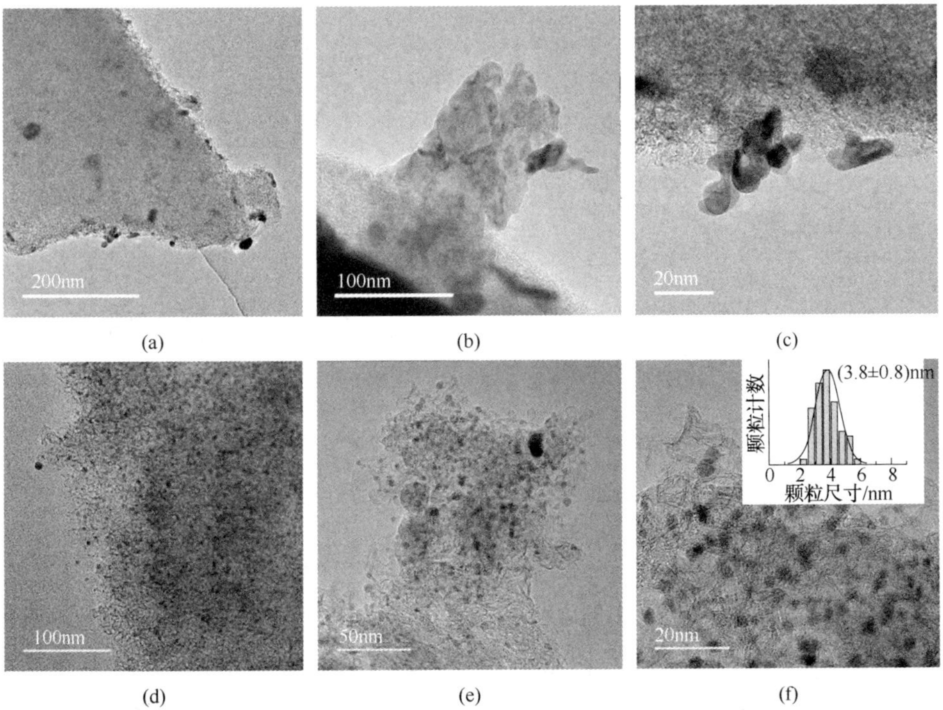

图 7-6　还原后且反应前的 Pd/GF(a)、(b)和(c)和 Pd/OGF(d)、(e)和(f)催化剂的 TEM 图，(f)插图：根据超过 200 个颗粒确定的 Pd NPs 的粒径分布

H_2-TPD 也在此用于活性金属的分散性的分析(见图 7-7)，在 Pd/OGF 样品上脱附的 H_2 的峰面积远大于 Pd/GF 上的峰面积，表明不仅 Pd/OGF 的 Pd NPs 的分散性更高，而且其对 H_2 的吸附能力更强，这是 H_2 所介导的液相催化的一个重要的考量因素，其中催化剂表面的 H_2 解离吸附是一个速率控制步骤。结果表明，碳载体的结构特征和功能化特性对于催化剂制备过程中高温还原下获得的高分散且热稳定的金属 NPs 具有的重要性。

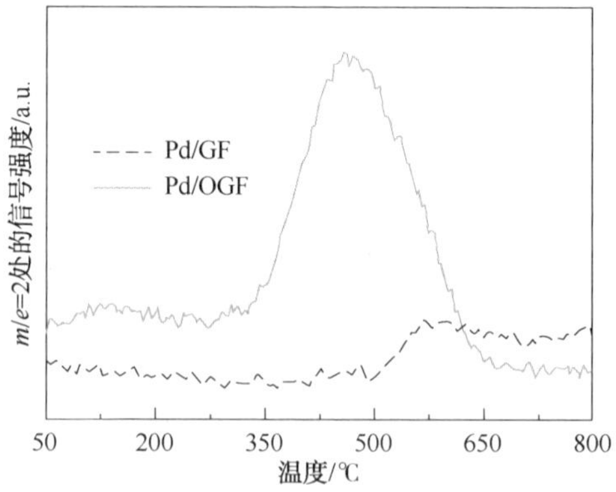

图 7-7　Pd/GF 和 Pd/OGF 样品在 H_2-TPD 分析过程中所产生的 H_2($m/e=2$)的质谱图

综上所述，通过气态 HNO_3 热处理对 GF 进行氧的功能化，产生了由丰富的含氧官能团装饰的结构缺陷以及具有高的暴露表面积的多孔结构组成的独特结构。OGF 样品的高比表面积为 Pd 催化剂提供了大量的金属与载体相接触的界面，从而显著改善了活性金属的分散性能。同时，富氧的官能团作为电子受体具有巨大的潜力，可为金属 NPs 提供锚定位点。结合结构缺陷对碳载体的电子性质的修饰，OGF 中氧的功能化诱导了金属-碳界面处的电荷从 Pd 原子向碳载体的转移，在 Pd/OGF 中产生了与 SMSI 相关的高度分散且具有良好热稳定性以及高反应性能的 Pd NPs。

7.2.3　Pd/OGF 作为结构催化剂用于 α，β-不饱和肉桂醛的液相选择性加氢反应

采用结构催化剂作为催化搅拌器，在搅拌速度、初始的 CAD 浓度、反应温

度和氢气流速等不同反应条件下对 CAD 进行液相加氢反应，评价了整体式原始 GF 与氧化的 OGF 所负载的 Pd 催化剂的催化性能。

1. 搅拌速度的影响

在 80℃下进行加氢反应，不同的搅拌速度被控制在 250~500r/min。如图 7-8(a) 所示，催化反应结果用 CAD 浓度(mol/L)来表示，并将其作为运行时间(time on stream，TOS)的函数。加氢活性随着搅拌速度先增加并在 375r/min 时达到最大反应速率，而在较高的搅拌速率(500r/min)下略有降低[见图 7-8(a)]。测试结束时，CAD 转化率的偏差可归因于反应介质中 CAD 的消耗，从而在液体介质中诱导产生了 CAD 的浓度梯度，减慢了 CAD 在催化剂表面的吸附速率。Tschentscher 等研究了搅拌速率对具有旋转泡沫催化剂的氧气/水系统中反应活性的影响，这可通过在混合过程中液体和搅拌器之间的接触模式来解释。如图 7-8(c)~(f)所示，液体会随着旋转搅拌器而旋转，然后来自高的搅拌速度的强大离心力使液体反应物积聚在靠近反应器壁的地方，从而导致液体界面下降，之后液体会远离搅拌器中心。在这种情况下，反应物不能有效地接触催化剂中间。另外，高的搅拌速率可能导致涡流的产生，从而进一步破坏液相介质的微混合。因此，高转速反而带来了催化活性的损失。对于后续的反应性能测试，除非另有说明，否则将使用 375r/min 作为搅拌速度。

C ═ C 键加氢产物的选择性随着搅拌速度的改变而略有增加，并且在 375r/min 和 500r/min 之间几乎保持不变。C ═ C 键加氢的选择性从 250r/min 提高到 375r/min 可归因于催化剂表面液层的快速刷新，这有助于在二次加氢发生之前提高中间产物的脱附速率。类似的研究结果之前已经被其他科研小组报道过。由于上述液体和催化剂之间接触的问题，在较高的搅拌速度下，催化剂表面液层的快速刷新似乎达到了极限，并且仅观察到 C ═ C 键加氢选择性的轻微改善。

2. 初始 CAD 浓度的影响

在 80℃下以不同初始 CAD 浓度获得的催化结果[以 CAD 浓度(mol/L)表示并作为 TOS 的函数]如图 7-8(b)所示。结果表明，C ═ C 键的加氢性能几乎与 CAD 浓度成正比，这证实了扩散并不是大气压下反应的速率决定步骤。这种结果可通过碳丝的高度多孔结构和微米尺寸以及载体所缺乏的内部孔隙率来解释，

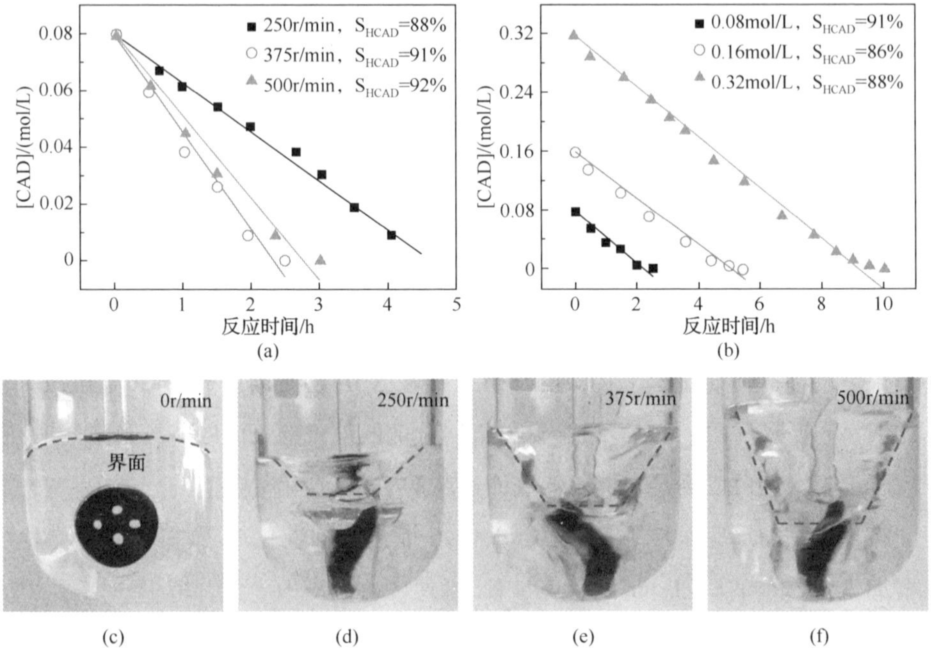

图 7-8 反应参数对 Pd/OGF 催化剂 C ═ C 键加氢的影响：(a)搅拌速率和(b)CAD 浓度。(c)~(f)使用不同搅拌速率的催化搅拌器的反应器的数码照片。反应条件：50mL/min H_2、80℃、1atm、375r/min 和 0.08mol/L CAD

这显著地增加了反应物向活性位点的扩散。使用催化剂作为搅拌器的实际情况还可以为反应物在催化剂表面提供更快的更新速率，这将可能有助于获得上述类似的结果。CAD 的初始浓度不会显著地改变 C ═ C 键的加氢选择性，考虑气相色谱仪(gas chromatograph，GC)分析中具有连续性的实验误差，C ═ C 键的加氢选择性保持在 86%~91%。

3. 反应温度的影响

在 40~80℃ 和 1atm 下评估反应温度对催化剂性能的影响。搅拌速率保持在 375r/min。当将反应温度从 40℃ 提高到 80℃ 时，CAD 转化率几乎翻了一番，并且 C ═ C 键的加氢选择性得到了增加[见图 7-9(a)]。结果表明，在 Pd/OGF 催化剂上中等的反应温度将不利于副反应，即完全加氢反应的发生。似乎中间氢化的产物能够在完全加氢发生之前从催化剂表面稳定地脱附，而无论反应温度如何变化，都不太可能再次发生吸附。同样，C ═ C 键的加氢选择性保持在 88%~

91%，表明在这样的反应温度下几乎没有额外的副反应发生。

4. H_2 流速的影响

在加氢反应过程中，催化剂对 H_2 的解离能力是最基本的，对 H_2 的较高的解离吸附将允许在反应器入口和出口的气流中减少氢含量，这对于回收步骤可能具有很大的意义。为了进行比较，Pd/OGF 和 Pd/GF 催化剂的加氢反应在相似的反应条件下进行，即[CAD]=0.08mol/L，H_2 流速为 50mL/min，根据前述 TEM 的分析结果，这两个催化剂具有不同的活性 Pd 金属的分散性。根据图 7-9(b)所示的结果，两种催化剂显示出相似的活性。结果表明，在低的 CAD 浓度和相对较高的 H_2 流速下，高的金属分散和低的金属分散的催化剂表面的解离吸附的 H_2 在很大程度上已经可以满足在催化剂表面进行的 CAD 加氢反应。

在更苛刻的反应条件下研究了 Pd/OGF 催化剂的催化加氢性能，即 CAD 浓度增加为 0.32mol/L，1atm 和不同的 H_2 流速[见图 7-9(c)]。结果表明，当 H_2 流速从 50mL/min 降低到 12.5mL/min 时，CAD 完全转化的时间略微增加了约 10%，这证实了在 Pd 分散度较高的 Pd/OGF 催化剂上，在较低的 H_2 流速下，Pd NPs 上的 H_2 解离吸附几乎不会影响催化剂的加氢活性。尽管由于反应介质中 CAD 浓度的增加，催化剂表面存在较高的 CAD。似乎 Pd/OGF 的小 Pd 颗粒上的 H_2 解离吸附速率很高，并且提供了足够多的吸附的氢原子来转化催化剂表面所吸附的 CAD 分子。

为了验证这种假设，在更加严苛的反应条件下对两种催化剂进行了相同的反应：在增加 CAD 的初始浓度的同时降低 H_2 流速，[CAD]=0.32mol/L，H_2 流速=12.5mL/min。根据图 7-9(d)所示的实验结果，在这些反应条件下，在 Pd/OGF 上获得的加氢速率比在 Pd/GF 催化剂上获得的加氢速率高得多，即 2 倍以上，而在高的 H_2 流速和低的 CAD 浓度下，两种催化剂之间的加氢速率相似，如图 7-9(b)所示。预计在 Pd 分散度较低的 Pd/GF 上，由于 Pd 的粒径较大，在低的 H_2 流速下，H_2 解离吸附的速率似乎要慢得多，导致吸附的氢原子不足以使吸附在催化剂表面的 CAD 分子全部参加反应，从而导致加氢性能的降低。结果表明，酸处理可以制备对活性金属具有高分散性能的 OGF 载体，从而产生可以在恶劣的反应条件下进行操作的高活性催化剂。

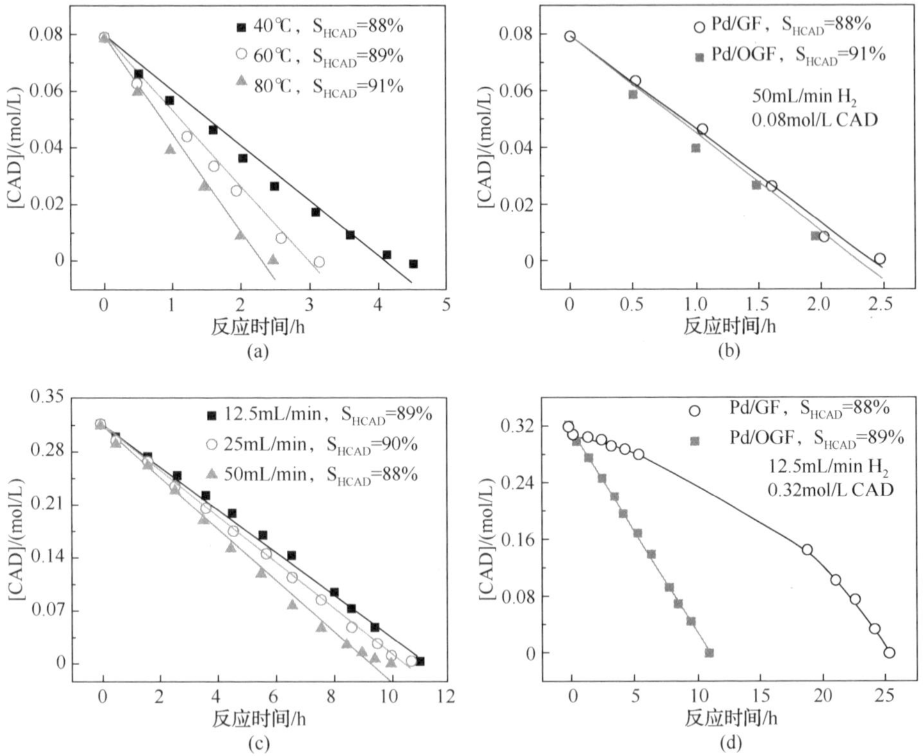

图 7-9 Pd/OGF 催化剂上(a)反应温度的影响和(c)CAD 转化率与 H_2 流速的关系，(b)和(d)在 H_2 流速与 CAD 浓度相互不利的反应条件下 Pd/OGF 和 Pd/GF 催化剂上 CAD 转化率的变化关系。参考的反应条件：50mL/min H_2、80℃、1atm、375r/min 和 0.08mol/L CAD

对 C ═ C 键加氢的选择性几乎保持不变，这表明导致完全加氢产物的连续反应不取决于催化剂表面吸附的氢原子量，而仅取决于中间产物的解吸速率。催化剂的稳定性作为循环测试的函数。由于多种因素，如随着浸出或细小颗粒形成所造成的活性相损失、回收步骤中的催化剂损失以及活性金属烧结，在循环反应实验中催化剂发生失活是非均相液相反应过程中最常见的现象。在本节中，评估了 Pd/OGF、Pd/GF 和商用 Pd/AC(由 Sigma - Aldrich 提供的 Pd/活性炭，Pd/activated charcoal)催化剂的稳定性能。调整所使用的催化剂质量，以便在比较测试中使各个样品都具有相同的金属活性相的质量。循环测试的方法如下：对于催化搅拌器(Pd/GF 和 Pd/OGF)，反应后首先除去液体反应物介质，然后在反应器中加入 100mL 二噁烷，紧接着将催化剂以 375r/min 的转速搅拌 30min，以使吸附在催化剂表面或孔道内的反应物质充分脱附；对于商用的 Pd/AC 催化剂，在除去上层的反应清液之前，首先进行粉末催化剂的沉降过程，然后再进行两次连续的洗涤步骤。通过对洗涤溶液进行 GC 分析来确定其中是否残留有任何的反应物或产物，从而控制洗涤步骤的效率。在参考条件(50mL/min H_2、80℃、1atm、375r/min 和 0.08mol/L CAD)下的催化性能，以 CAD 转化率和 HCAD 的选择性表示，作为循环测试的函数，分别显示在图 7-10(a)和(b)中。

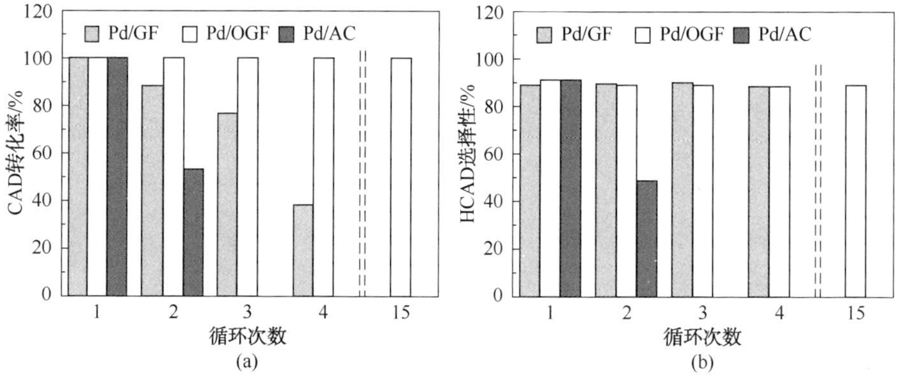

图 7-10 (a)CAD 转化率和(b)C ═ C 键加氢的选择性作为 Pd/OGF、Pd/GF 和商业 Pd/AC 催化剂的循环测试的函数。反应条件：80℃、50mL/min H_2、1atm、375r/min 和 0.08mol/L CAD

Pd/OGF 催化剂表现出极高的稳定性，因为其经过多达 15 次的循环测试也没有观察到失活现象的发生[见图 7-10(a)]。相反，商业 Pd/AC 催化剂显示出剧烈的加氢活性的损失，因为在第二次测试后仅保留了 50%的转化率。作为循环测试的函数，未经处理的 Pd/GF 催化剂在开始时表现出高的加氢活性，然后逐渐失活，但与商业粉末状 Pd/AC 催化剂相比其失活较为缓慢。然而，在第四次循环后，只有 40%的初始加氢活性保留在 Pd/GF 催化剂上，这表明该催化剂已经发生了严重的失活。Pd/OGF 催化剂的稳定性在低转化率的情况下得到了进一步证明(见图 7-11)，在 15 次循环测试中，相同反应时间下 Pd/OGF 的 CAD 转化率仍保持在 22%，HCAD 选择性为 90%。需要注意的是，仅在两个循环后就观察到商业粉末催化剂显著的加氢选择性的损失，但相反，两种结构催化剂对 HCAD 的选择性作为循环测试的函数保持不变[见图 7-10(b)]。

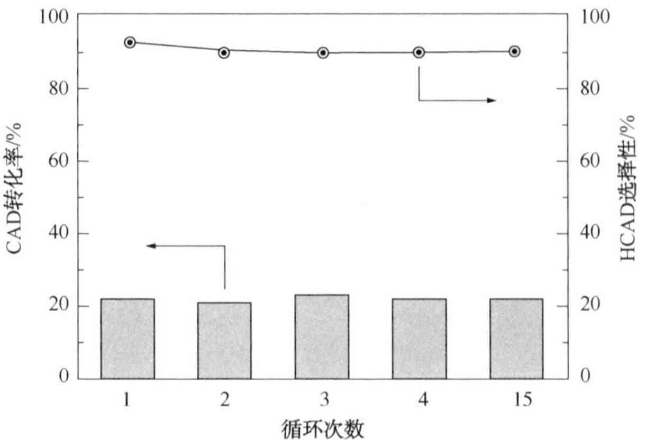

图 7-11 Pd/OGF 催化剂在低转化率下 CAD 液相加氢的循环试验。
反应条件：80℃、50mL/min H_2、1atm、375r/min 和 0.08mol/L CAD

对反应后的 Pd/GF 和 Pd/OGF 进行了 TEM 分析，结果如图 7-12 和表 7-2 所示。经过 15 次循环测试后，Pd/OGF 上的 Pd NPs 仍然保持着高的分散性，其粒径与新还原催化剂的粒径相似[见图 7-12(a)~(c)]。由 200 多个金属 NPs 确定的 Pd 粒径分布[见图 7-12(c)]保持在 3.8nm 左右，与新还原的催化剂相似。另外，仅经过 4 次循环测试后，Pd/GF 上的 Pd NPs 的粒径就发生了巨大的变化，可以观察到 Pd NPs 被组装成大的聚集体[见图 7-12(d)~(f)和表 7-2]。数据表明，在循环试验中，金属 NPs 的聚集或烧结是 Pd/GF 催化剂失活的关键因素，因为在实际操作中，这种结构化的催化剂在回收步骤中不太可能发生催化剂损失的现象。在该催化剂上观察到的烧结现象可归因于低的金属与载体之间的相互作用，即与 OGF 载体相比，其缺乏结构缺陷和含氧官能团。可知：Pd NPs 在 Pd/GF 催化剂上的烧结是前文所述催化剂上较低的 H_2 解离吸附的原因，这将导致在循环试验中加氢活性的损失，同时却保持着 C ═ C 键加氢的选择性。这种现象也可能发生在失活的 Pd/AC 粉末状催化剂上。另外，该粉末状催化剂上显著的加氢选择性的损失表明催化剂性质的重要变化，如微观结构的变化。事实上，粉末状催化剂的浆料悬浮液在测试过程中在剧烈搅拌的情况下会不可避免地遭受固体颗粒的磨损，然后形成更细的粉末会给加氢中间产物在孔隙中的质量传递带来诸多麻烦，从而引起加氢中间产物在催化剂中更长的停留时间，导致反应产物在催化剂表面脱附前的过度加氢。如图 7-13 所示，与粉末状样品相比，结构催化剂还表现出催化剂和液相产物之间更为容易的分离回收，这对于液相反应的操作具有重要的意义。

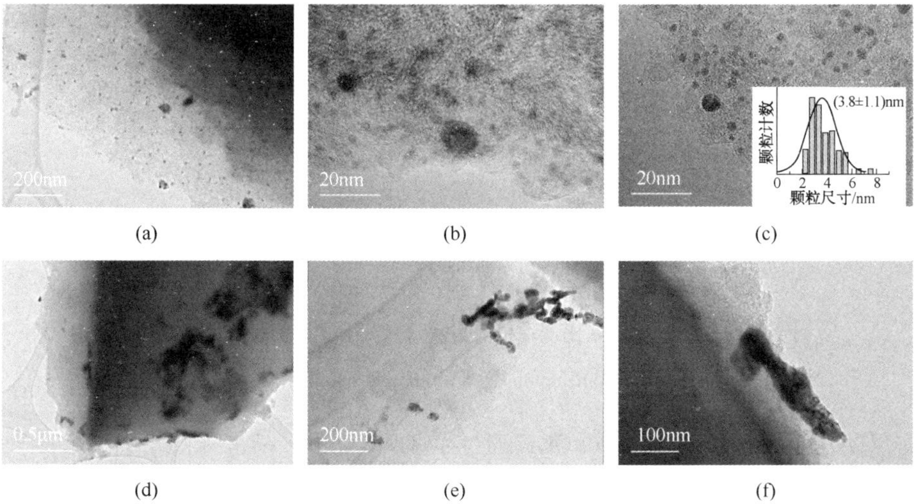

图 7-12　15 次循环测试后的 Pd/OGF(a)(b)(c)和 4 次循环测试后的 Pd/GF(d)(e)(f)的 TEM 图

(a)结构催化剂　　(b)商业Pd/AC粉末

图 7-13　液相反应后作为催化搅拌器的结构催化剂和商业 Pd/AC 粉末的光学照片

通过实施浸出试验以排除 Pd/OGF 在液相反应过程中活性物种的损失，具体操作步骤如下：第一次加氢反应运行后将结构化催化剂与反应溶液进行分离，然后在所回收的已完全反应的溶液中加入和第一次反应相同质量的 CAD 原料，同时不需要添加任何催化剂，最后再进行第二次无催化剂的加氢反应，将该测试在与第一次反应相同的反应条件下进行。为了验证催化剂的可回收性并确认浸出测试，所回收的催化剂将进一步用于其他连续的催化循环实验，次数多达 15 次。此外，为了评估整个循环测试中的活性金属物种的损失，浸出测试将重复 3 次，分别在第 1、第 7 和第 15 次的循环实验后进行。在所有的浸出测试中，未观察到额外的 CAD 转换，这表明在 15 次的循环测试中的溶液介质中，在 Pd/OGF 催化剂上活性金属的浸出几乎可以忽略不计，从而证实了该催化剂具有强的金属与载体之间的相互作用，这不仅有助于活性金属 Pd 的分散以及抗烧结的热稳定性，而且有助于其在载体上的锚定。将该催化剂与其他研究报道的 Pd 基催化剂在 CAD 加氢反应测试中进行比较，不同催化剂的反应结果见表 7-3。与在低循环次数的测试下运行的其他整体或粉末状催化剂相比，Pd/OGF 催化剂表现出相对较高的催化活性和稳定性及可回收性，这可能是因为其金属与载体之间的相互作用较强，以防止金属活性组分的烧结或浸出。在液相过程中，结构催化剂更容易进行催化剂和液相产物的分离和回收，研究表明整体式 Pd/OGF 催化剂用于进行 CAD 液相加氢反应的高效率。

7.3 本章小结

通过使用简单的气态酸处理工艺，在商业 GF 原料上构建结构缺陷和含氧官能团，本章成功地合成了一种对活性金属 Pd 具有高的锚定能力的新型结构催化剂载体。这种载体与所负载的金属 NPs 表现出很强的相互作用，并且在 CAD 的液相加氢反应中易于回收，从而表现出优异的催化活性和稳定性及可回收性。结果表明，GF 的氧功能化可以诱导 Pd 与载体之间界面处的电荷转移。由于电子通过含氧官能团装饰的结构缺陷从 Pd 原子转移到了 OGF 上，所以导致部分带正电荷的金属相 $Pd^{\delta+}$的形成，这些物种将负责 Pd NPs 的锚定和稳定，由此最终解释了为何 Pd/OGF 在催化剂制备和循环测试中表现出对活性金属烧结和/或聚集

表 7-3 在不同 Pd 催化剂上 CAD 的加氢反应

催化剂	形状	Pd/%（质量分数）	[CAD]/（mol/L）	溶剂	反应条件	X①/%	S②/%	循环测试		参考文献
								循环次数	X③/%	
Pd/OGF	块体	5	0.08	100mL 二噁烷	80℃、1atm、50mL/min H_2、375r/min 和 2.5h	100	91	15	100	本研究
Pd/CNFs/SiC	块体	5	0.72	二噁烷	80℃、1atm、60mL/min H_2、400r/min 和 6h	100	90	10	91	[8]
Pd/N-CNTs	粉末	10	0.38	100mL 二噁烷	80℃、1atm、60mL/min H_2、400r/min 和 11h	100	92	2	88	[59]
Pd/$NRGO_{300}$	粉末	4.6	4	2.5mL H_2O	70℃、2MPa、1000r/min 和 1.75h	100	96	5	90	[15]
Pd/ZIF-8	粉末	1	0.2	10mL 异丙醇	40℃、2MPa、600r/min 和 6h	100	90	4	85	[60]
Pd-MWCNT/AC	粉末	1.5	0.76	10mL 二噁烷	70℃、1MPa 和 2h	100	74	5	100	[61]
Pd-NMC	粉末	2	0.3	25mL 2-丙醇	30℃、5bar、800r/min 和 3h	100	93	7	100	[62]

注：① 指在第一次加氢反应中 CAD 的转化率。

② 指在第一次加氢反应中 HCAD 的选择性。

③ 指在最后一次循环测试中 CAD 的转化率。

的抵抗力的增强。所合成的 Pd/OGF 催化剂即使在低的 H_2 速率供应和高的反应物浓度下也表现出不错的加氢活性，并且在循环测试中具有高的反应稳定性。此外，通过电荷转移机制在氧功能化的碳载体上稳定活性金属 NPs，将不仅限于 Pd/OGF 体系，还可以进一步扩展并适用于其他的碳负载金属的体系。目前正在进行这种金属/氧化碳催化剂在其他气相反应中的催化性能的评估工作，如 CO_2 的甲烷化反应。在这种反应中具有良好热稳定性的高度分散的活性金属 NPs 对催化剂的性能起着至关重要的作用。

参 考 文 献

[1] LANZAFAME P，PERATHONER S，CENTI G，et al. Grand challenges for catalysis in the Science and Technology Roadmap on Catalysis for Europe：moving ahead for a sustainable future[J]. Catalysis Science & Technology，2017，7：5182-5194.

[2] BELLER M，CENTI G，SUN L. Chemistry Future：Priorities and opportunities from the sustainability perspective[J]. ChemSusChem，2017，10：6-13.

[3] TSANG S C，CAPS V，PARASKEVAS I，et al. Carbon-supported nanocatalysts for the manufacture of fine chemicals[J]. Angewandte Chemie International Edition，2001，116：5763-5767.

[4] BAAZIZ W，TRUONG-PHUOC L，DUONG-VIET C，et al. Few layer graphene decorated with homogeneous magnetic Fe_3O_4 nanoparticles with tunable covering densities[J]. Journal of Materials Chemistry A，2014，2：2690-2700.

[5] GARCÍA-BORDEJÉ E，KVANDE I，CHEN D，et al. Carbon nanofibers uniformly grown on γ-alumina washcoated cordierite monoliths[J]. Advanced Materials，2006，18：1589-1592.

[6] de LOOS S R A，van der SCHAAF J，de CROON M H J M，et al. Heterogeneous catalysis in a microchannel using a layer of carbon nanofibers on the channel wall[J]. Chemical Engineering Journal，2012，179：242-252.

[7] CHIZARI K，DENEUVE A，ERSEN O，et al. Nitrogen-doped carbon nanotubes as a highly active metal-free catalyst for selective oxidation[J]. ChemSusChem，2012，5：102-108.

[8] TRUONG-PHUOC L，TRUONG-HUU T，NGUYEN-DINH L，et al. Silicon carbide foam decorated with carbon nanofibers as catalytic stirrer in liquid-phase hydrogenation reactions[J]. Applied Catalysis A：General，2014，469：81-88.

[9] GARCIA-BORDEJÉ E, LIU Y F, SU D S, et al. Hierarchically structured reactors containing nanocarbons for intensification of chemical reactions [J]. Journal of Materials Chemistry A, 2017, 5: 22408-22441.

[10] PENG Y, RICHARDSON J T. Properties of ceramic foam catalyst supports one-dimensional and two-dimensional heat transfer correlations[J]. Applied Catalysis A: General, 2004, 266: 235-244.

[11] SU D S, PERATHONER S, CENTI G. Nanocarbons for the Development of Advanced Catalysts [J]. Chemical Reviews, 2013, 113: 5782-5816.

[12] TESSONNIER J P, BECKER M, XIA W, et al. Spinel-type cobalt-manganese-based mixed oxide as sacrificial catalyst for the high-yield production of homogeneous carbon nanotubes[J]. ChemCatChem, 2010, 2: 1559-1561.

[13] SERP P, CORRIAS M, KALCK P. Carbon nanotubes and nanofibers in catalysis[J]. Applied Catalysis A: General, 2003, 253: 337-358.

[14] LI Z L, LIU J H, XIA C G, et al. Nitrogen-functionalized ordered mesoporous carbons as multifunctional supports of ultrasmall Pd nanoparticles for hydrogenation of phenol[J]. ACS Catalysis, 2013, 3: 2440-2448.

[15] NIE R F, MIAO M, DU W C, et al. Selective hydrogenation of C=C double bond over N-doped reduced graphene oxides supported Pd catalyst[J]. Applied Catalysis B: Environmental, 2016, 180: 607-613.

[16] SHI W, ZHANG B S, LIN Y M, et al. Enhanced chemoselective hydrogenation through tuning the interaction between Pt nanoparticles and carbon supports: insights from identical location transmission electron microscopy and X-ray photoelectron spectroscopy [J]. ACS Catalysis, 2016, 6: 7844-7854.

[17] LUO J J, WEI H, LIU Y F, et al. Oxygenated group and structural defect enriched carbon nanotubes for immobilizing gold nanoparticles [J]. Chemical Communications, 2017, 53: 12750-12753.

[18] AMADOU J, CHIZARI K, HOULLÉ M, et al. N-doped carbon nanotubes for liquid-phase C=C bond hydrogenation[J]. Catalysis Today, 2008, 138: 62-68.

[19] HIGGINS D, HOQUE M A, SEO M H, et al. Development and simulation of sulfur-doped graphene supported platinum with exemplary stability and activity towards oxygen reduction[J]. Advanced Functional Materials, 2014, 24: 4325-4336.

[20] CHEN C L, LI X T, WANG L C, et al. Highly porous nitrogen-and phosphorus-codoped graphene an outstanding support for Pd catalysts to oxidize 5-hydroxymethylfurfural into 2,5-furandicarboxylic acid[J]. ACS Sustainable Chemistry & Engineering, 2017, 5: 11300-11306.

[21] SUN M, RU X R, ZHAI L F. In-situ fabrication of supported iron oxides from synthetic acid mine drainage: High catalytic activities and good stabilities towards electro-Fenton reaction[J]. Applied Catalysis B: Environmental, 2015, 165: 103-110.

[22] VIERIA R, PHAM-HUU C, KELLER N, et al. New carbon nanofiber/graphite felt composite for use as a catalyst support for hydrazine catalytic decomposition[J]. Chemical Communications, 2002: 954-955.

[23] LUO J J, LIU Y F, WEI H, et al. A green and economical vapor-assisted ozone treatment process for surface functionalization of carbon nanotubes[J]. Green Chemistry, 2017, 19: 1052-1062.

[24] DUONG-VIET C, TRUONG-PHUOC L, TRAN-THANH T, et al. Nitrogen-doped carbon nanotubes decorated silicon carbide as a metal-free catalyst for partial oxidation of H_2S[J]. Applied Catalysis A: General, 2014, 482: 397-406.

[25] YU H X, ZHANG Q, DAHL M, et al. Dual-pore carbon shells for efficient removal of humic acid from[J]. Chemistry-A European Journal, 2017, 23: 16249-16256.

[26] DUONG-VIET C, LIU Y F, BA H, et al. Carbon nanotubes containing oxygenated decorating defects as metal-free catalyst for selective oxidation of H_2S[J]. Applied Catalysis B: Environmental, 2016, 191: 29-41.

[27] XU Z X, DUONG-VIET C, BA H, et al. Gaseous nitric acid activated graphite felts as hierarchical metal-free catalyst for selective oxidation of H_2S[J]. Catalysts, 2018, 8(4): 145.

[28] CANCADO L G, JORIO A, FERREIRA E H, et al. Quantifying defects in graphene via Raman spectroscopy at different excitation energies[J]. Nano Letters, 2011, 11: 3190-3196.

[29] SADEZKY A, MUCKENHUBER H, GROTHE H, et al. Raman microspectroscopy of soot and related carbonaceous materials Spectral analysis and structural information[J]. Carbon, 2005, 43: 1731-1742.

[30] THANH T T, BA H, TRUONG-PHUOC L, et al. A few-layer graphene-graphene oxide composite containing nanodiamonds as metal-free catalysts[J]. Journal of Materials Chemistry A, 2014, 2: 11349-11357.

[31] HUANG R, XU J Y, WANG J, et al. Oxygen breaks into carbon nanotubes and abstracts hy-

drogen from propane[J]. Carbon, 2016, 96: 631-640.

[32] FIGUEIREDO J L. Funtionalization of porous carbons for catalytic applications[J]. Journal of Materials Chemistry A, 2013, 1: 9351-9364.

[33] ZHANG Z Y, XI J Y, ZHOU H P, et al. KOH etched graphite felt with improved wettability and activity for vanadium flow batteries[J]. Electrochimica Acta, 2016, 218: 15-23.

[34] ERSEN O, HIRLIMANN C, DRILLON M, et al. 3D-TEM characterization of nanometric objects[J]. Solid State Sciences, 2007, 9(12): 1088-1098.

[35] SHEN W J, OKUMURA M, MATSUMURA Y, et al. The influence of the support on the activity and selectivity of Pd in CO hydrogenation[J]. Applied Catalysis A: General, 2001, 213: 225-232.

[36] AMORIM C, KEANE M A. Palladium supported on structured and nonstructured carbon: a consideration of Pd particle size and the nature of reactive hydrogen[J]. Journal of Colloid and Interface Science, 2008, 322(1): 196-208.

[37] JUJJURI S, KEANE M A. Catalytic hydrodechlorination at low hydrogen partial pressures: Activity and selectivity response[J]. Chemical Engineering Journal, 2010, 157(1): 121-130.

[38] RAO R G, BLUME R, HANSEN T W, et al. Interfacial charge distributions in carbon-supported palladium catalysts[J]. Nature Communications, 2017, 8: 340.

[39] PILLO T, ZIMMERMANN R, STEINER P, et al. The electronic structure of PdO found by photoemission(UPS and XPS) and inverse photoemission(BIS)[J]. Journal of Physics: Condensed Matter, 1997, 9: 3987-3999.

[40] CÁRDENAS-LIZANA F, HAO Y F, CRESPO-QUESADA M, et al. Selective gas phase hydrogenation of p-chloronitrobenzene over Pd catalysts: role of the support[J]. ACS Catalysis, 2013, 3(6): 1386-1396.

[41] JIANG L C, GU H Z, XU X Z, et al. Selective hydrogenation of o-chloronitrobenzene(o-CNB) over supported Pt and Pd catalysts obtained by laser vaporization deposition of bulk metals [J]. Journal of Molecular Catalysis A: Chemical, 2009, 310(1/2): 144-149.

[42] DANTAS RAMOS A L, ALVES P S, ARANDA D A G, et al. Characterization of carbon supported palladium catalysts: inference of electronic and particle size effects using reaction probes [J]. Applied Catalysis A: General, 2004, 277(1/2): 71-81.

[43] WANG Y, RONG Z M, WANG Y, et al. Ruthenium nanoparticles loaded on functionalized graphene for liquid-phase hydrogenation of fine chemicals: Comparison with carbon nanotube

[J]. Journal of Catalysis, 2016, 333: 8-16.

[44] HE S N, SHAO Z J, SHU Y J, et al. Enhancing metal-support interactions by molybdenum carbide: an efficient strategy toward the chemoselective hydrogenation of alpha, beta-unsaturated aldehydes[J]. Chemistry-A European Journal, 2016, 22(16): 5698-5704.

[45] MURATA Y, STARODUB E, KAPPES B B, et al. Orientation-dependent work function of graphene on Pd(Ⅲ)[J]. Applied Physics Letters, 2010, 97(14): 143114.

[46] RAMOS-SANCHEZ G, BALBUENA P B. Interactions of platinum clusters with a graphite substrate[J]. Physical Chemistry Chemical Physics, 2013, 15(28): 11950-11959.

[47] YAO K X, LIU X, LI Z, et al. Preparation of a Ru-nanoparticles/defective-graphene composite as a highly efficient arene-hydrogenation catalyst[J]. ChemCatChem, 2012, 4(12): 1938-1942.

[48] ZHOU X, CHU W, SUN W J, et al. Enhanced interaction of nickel clusters with pyridinic-N (B) doped graphene using DFT simulation[J]. Computational and Theoretical Chemistry, 2017, 1120: 8-16.

[49] SU F B, LV L, FANG Y L, et al. Thermally reduced ruthenium nanoparticles as a highly active heterogeneous catalyst for hydrogenation of monoaromatics[J]. Journal of American Chemical Society, 2007, 129: 14213-14223.

[50] TEDSREE K, LI T, JONES S, et al. Hydrogen production from formic acid decomposition at room temperature using a Ag-Pd core-shell nanocatalyst[J]. Nature Nanotechnology, 2011, 6(5): 302-307.

[51] LU Q J, CHEN X G, LIU D, et al. Synergistic electron transfer effect-based signal amplification strategy for the ultrasensitive detection of dopamine[J]. Talanta, 2018, 182: 428-432.

[52] YANG L, LIU D N, HAO S, et al. Topotactic conversion of alpha-Fe_2O_3 nanowires into FeP as a superior fluorosensor for nucleic acid detection: insights from experiment and theory[J]. Analytical Chemistry, 2017, 89(4): 2191-2195.

[53] YU Q Q, KONG M, LIU T, et al. Non-thermal plasma assisted CO_2 reforming of propane over Ni/γ-Al_2O_3 catalyst[J]. Catalysis Communications, 2011, 12(14): 1318-1322.

[54] LIAO G Z, CHEN S, QUAN X, et al. Graphene oxide modified g-C_3N_4 hybrid with enhanced photocatalytic capability under visible light irradiation[J]. Journal of Materials Chemistry, 2012, 22(6): 2721-2726.

[55] LOH K P, BAO Q L, ANG P K, et al. The chemistry of graphene[J]. Journal of Materials

Chemistry, 2010, 20: 2277-2289.

[56] TSCHENTSCHER R, NIJHUIS T A, van der SCHAAF J, et al. Gas-liquid mass transfer in rotating solid foam reactors[J]. Chemical Engineering Science, 2010, 65: 472-479.

[57] MU C L, HUANG K T, CHENG T Y, et al. Ni foams decorated with carbon nanotubes as catalytic stirrers for aerobic oxidation of cumene[J]. Chemical Engineering Journal, 2016, 306: 806-815.

[58] PHAM-HUU C, KELLER N, LEDOUX M J, et al. Carbon nanofiber supported palladium catalyst for liquid-phase reactions. An active and selective catalyst for hydrogenation of C = C bonds[J]. Chemical Communications, 2000: 1871-1872.

[59] CHIZARI K, JANOWSKA I, HOULLÉ M, et al. Tuning of nitrogen-doped carbon nanotubes as catalyst support for liquid-phase reaction[J]. Applied Catalysis A: General, 2010, 380(1/2): 72-80.

[60] ZHAO Y, LIU M M, FAN B B, et al. Pd nanoparticles supported on ZIF-8 as an efficient heterogeneous catalyst for the selective hydrogenation of cinnamaldehyde[J]. Catalysis Communications, 2014, 57: 119-123.

[61] RIBEIRO P H Z, MATSUBARA E Y, ROSOLEN J M, et al. Palladium decoration of hybrid carbon nanotubes/charcoal composite and its catalytic behavior in the hydrogenation of trans-cinnamaldehyde[J]. Journal of Molecular Catalysis A: Chemical, 2015, 410: 34-40.

[62] NAGPURE A S, GURRALA L, GOGOI P, et al. Hydrogenation of cinnamaldehyde to hydrocinnamaldehyde over Pd nanoparticles deposited on nitrogen-doped mesoporous carbon[J]. RSC Advances, 2016, 6(50): 44333-44340.

第 8 章　电磁感应加热下结构碳材料的催化应用

电磁感应加热技术是一种基于电磁感应理论的电气化加热方法，当闭合导体置于交变磁场中时，会产生感应电流，也称为涡流，同时导体会产生焦耳热。大多数金属和一些导电的非金属如石墨毡、碳毡、石墨、石墨烯和介孔碳等导电碳材料可以被感应电流加热，导磁材料如镍纳米颗粒能够通过磁滞损耗产生热量。电磁感应加热技术具有加热速率快、可实现局部靶向加热、高效清洁、非接触和温度可精确控制等优点，在工业上经常被用于金属材料的热处理，最近也被应用于催化领域并成为研究热点。不同于传统外部热源通过接触热传导对反应器进行加热，感应加热能够通过催化剂直接吸收电磁能并将其转化为自身热能，从而实现对催化剂的单独靶向加热以及对催化反应温度的快速精准控制，得益于电磁感应加热对于反应过程的高效热管理，催化剂表现出低温高活性以及在接近实际化工厂的动态运行条件下优良的稳定性。国内外研究表明，在催化过程中使用电磁感应加热技术能够有利于能量平衡、强化反应过程、简化反应装置、减少安全问题、降低操作成本和提高生产能力。

8.1　电磁感应加热下结构碳材料的合成

如 2.2 节所述，CVD 是一种常用的制备结构碳材料的方法。对于 CVD 工艺，电磁感应加热（induction heating，IH）在将输入的能量引导到加热目标的快速性、加热区域的高选择性以及在反应器壁上没有任何热诱导产生的副反应等方面都显示出优越性。事实上，在感应加热的情况下，通常由石英构成的反应器壁相对于电磁感应是透明的，并且保持在比相接触的生长催化剂低得多的温度下，因此，防止了在传统的焦耳加热(joule heating, JH)下经常观察到的从反应器壁上的碳源形成有毒有机化合物副反应的发生。感应加热通过涡流直接加热碳基载体，从而为催化剂提供快速的温升，这与传统的焦耳效应不同，在焦耳加热过程中加热器输送的大部分热量通过合成装置内的热对流或热辐射而被浪费。与其他加热方式相比，电磁感应加热的能量传递效率更高。目前，电磁感应加热已被有效地用于 CNTs 和石墨烯的 CVD 合成。快速加热/冷却可以精确地控制生长/淬火工艺，从而生产出质量更好的材料。电磁感应加热也被有效地用作许多催化过程的加热手段，尤其是在传热是其主要瓶颈的过程中使用。电磁感应加热也可以有效地用于 MEMS 上一维材料的沉积。

接下来将介绍使用电磁感应加热装置合成以 Ni 为生长催化剂、乙烷为碳源的多级 CNFs 修饰的 GF 复合材料(CNFs/GF)的 CVD 方法。与传统的焦耳加热相比，感应加热允许在极低的反应温度下快速合成多级制的 CNFs/GF 复合材料，这可以归因于其更好的靶向加热和温控调节。冷反应器壁的操作模式可以避免导致有毒且分子量高的有机化合物形成副反应的发生，这些副反应就像在焦耳加热模式下进行的传统 CVD 工艺时所遇到的那样，不仅包括在反应器壁上的中间体的热分解，还有直接在气相介质中作为均相反应发生的反应。电磁感应加热不但在合成温度、CNFs 产率和比表面积方面和传统的焦耳加热存在差异，而且在相近的反应温度下，与焦耳热相比感应加热还允许产生直径更小的 CNFs。

8.1.1 载体和催化剂

商业结构 GF(尺寸为 $1\times3m^2$，厚度为 6mm，前驱体为聚丙腈)由 Carbone Lorraine 公司(MERSEN, La Défense，法国)提供。在实验中，GF 被剪裁为圆盘形式(直径×厚度为 26mm×12mm)。GF 具有相对较低的比表面积，通过 N_2 吸附测量为 $(4\pm2)m^2/g$，这样的比表面积结果主要与其几何比表面积有关，并且与材料内部孔隙率的缺乏相一致。不同放大倍数的原始 GF 基底的 SEM 图如图 8-1所示，GF 微丝的表面极其光滑，并且其内部没有孔隙，由此证实了该样品较低的比表面积。

催化剂由分散在 GF 上的 Ni NPs 组成，Ni 的理论负载量为 2%(质量分数)，使用硝酸镍水溶液作为盐的前驱体[$Ni(NO_3)_2\cdot6H_2O$，Fluka 公司]，催化剂样品通过初湿浸渍法制备。将浸渍后的样品在110℃下烘箱干燥2h以蒸发溶剂，并在350℃的空气中煅烧2h以将硝酸镍分解为相应的氧化物。在CNFs的生长制备操作之前，催化剂在350℃的H_2流(流量为60mL/min)下原位还原2h。

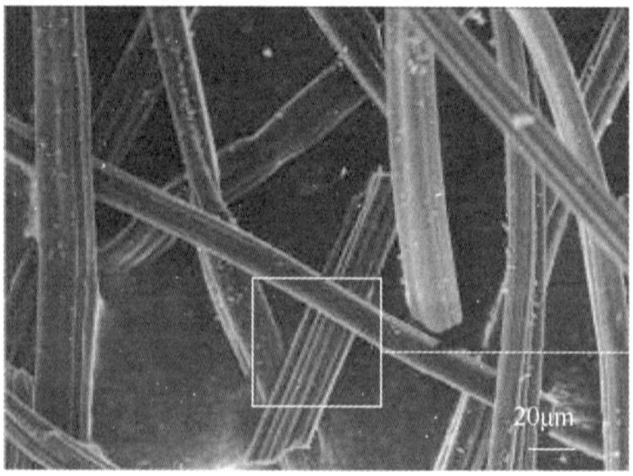

(a)具有高度缠结形态和光滑表面的原始GF的SEM图

(b)具有高度缠结形态和光滑表面的原始GF的SEM图

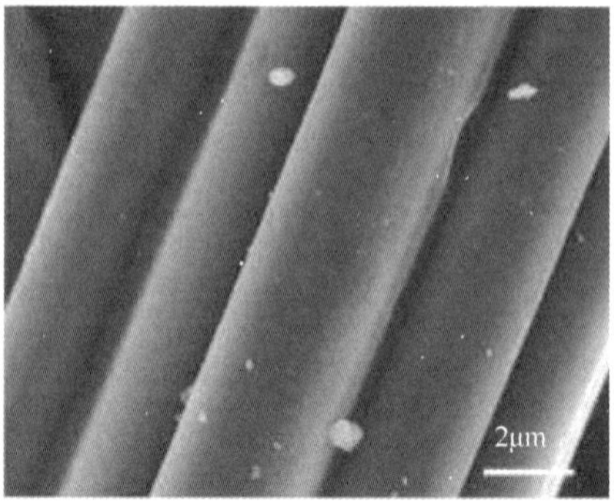

(c)表明GF内部缺乏孔隙的高分辨率SEM图

图8-1　具有高度缠结形态和光滑表面的原始GF的SEM图，以及表明GF内部缺乏孔隙的高分辨率SEM图

8.1.2　碳纳米纤维生长过程

通过电磁感应加热和常规焦耳加热两种方式采用CVD法合成了CNFs修饰的GF复合材料。GF片(直径26mm，厚度12mm)被放置在石英反应器(内径26mm，外径30mm，长度400mm)内，然后将反应器放置在电磁感应线圈内(敞开无外部保温或绝缘)或Joule加热的管式炉内，同时电炉两端都塞有保温的绝缘塞。电磁感应加热模式使用配备有激光高温计(OPTCTL3MH1CF2，Optris公司，德国)的感应加热系统(EASYHEAT LI 8310，Ambrell有限公司)进行操作。感应线圈由一个螺旋

6 匝的铜线圈(长度 = 1.05m，纯线圈电阻 = 2.066×$10^{-3}\Omega$)组成，通过使用循环水/甘油(10%)混合物的外部冷却器进行冷却，额定功率为 10kW，频率为 270kHz。对于合成实验，催化剂位于两个石英棉塞之间被放置在石英反应器(内径 = 10mm，长度 = 400mm，没有任何绝缘)中，反应器被放置在感应线圈内，通过 PID 系统(比例积分−微分控制器，Eurotherm 型号 3504)监测反应温度，该系统连接到激光高温计(Optris 公司，B.2 激光束：500μm，功率 <1mW，位于距离反应器约 30cm 处并聚焦在催化剂床层上，在 150~1000℃的温度范围内工作，精度为±1℃)。含有生长催化剂的 GF 通过来自感应线圈的涡流加热。由于热电偶与感应线圈的耦合效率较高，因此不使用热电偶来测量反应温度。

反应器温度在几分钟内从 350℃升至所需温度(加热速率为 50℃/min)。在所需温度下，H_2流由乙烷和 H_2 的混合物代替(总流速分别为 20mL/min 和 100mL/min)，合成步骤在不同的反应温度下持续 2h。使用 H_2 作为共反应物，因为它可以帮助防止生长催化剂的碳层包覆。H_2 也可能影响生长催化剂的表面重组，进而改变沉积的 CNFs 结构。合成结束后，通过快速的固体淬火以及与周围大气介质的热交换，反应器在几分钟内从反应温度(620~700℃)冷却至 <150℃，反应混合物被氩气流所取代，产物在室温下从反应器中取出。然而在低于 150℃的低温下，通过与外部介质的对流进行自然冷却仍然是限制步骤，但是在如此低的温度下，一般不会发生任何相关副反应。

为了进行比较，还使用管式电炉在间接焦耳加热下对相同的合成步骤进行了评估(ERALY 公司，外径 = 200mm，内径 = 55mm，长度 = 300mm，最大电流 = 8.6A，最高加热温度 = 1100℃)。反应器被装在管式炉内，两端用石英棉塞绝缘保温。催化剂在与用于电磁感应加热模式的相同反应条件下还原，并且在与上述相同的条件下进行反应评价。温度由两个热电偶测量，一个插入管式炉内，另一个连接在反应器外壁上。反应温度由位于管式炉内的热电偶控制。需要注意的是，对于焦耳加热，由于电炉的高热惯性，反应温度的升高需要更长的时间。在焦耳加热模式下，在 350℃(加热速率为 20℃/min)的 H_2流下原位还原含氧化镍前驱体的 GF 2h。然后，将反应器温度从 350℃升高到反应温度(加热速率为 30℃/min)，用乙烷和 H_2 的混合物代替 H_2 流(总流速分别为 20mL/min 和 100mL/min，合成反应在设定温度下持续 2h。反应器在反应混合物气流下冷却至

400℃，然后用氩气流代替反应混合物气流，产物在室温下从反应器中排出。详细步骤也可在相关文献中找到。综上所述，管式电炉的高热惯性无法使反应温度如电磁感应加热模式一样快速下降，因此，温度下降需要更长的时间，即 2h 而不是几分钟，才能低于 150℃。

8.1.3 电磁感应加热与焦耳加热下的 CNFs 生长

使用电磁感应加热(IH)和焦耳加热(JH)，在流量分别为 50mL/min 和 75mL/min 的 C_2H_6和 H_2的混合物下，在 2h 的固定持续反应时间内，CNFs 的产率和 SSA 作为合成温度的函数如图 8-2(a)所示。对于这两种加热模式，CNFs 的产率与反应温度成比例地增加，这与 Ni 活性位点上的 CVD 工艺非常一致。与焦耳加热相比，无论电磁感应加热下的合成温度如何变化，CNFs 的产率总是更高，如图 8-2(a)所示。这种差异可能是因为，在感应加热条件下，热量直接在催化剂内产生，即催化剂 Ni/GF，因此，没有遇到传统焦耳加热通常发生的热损失。对于焦耳加热，由于热辐射和气体交换的热传导损失了大量的热量，而管式电炉的低热惯性无法及时补偿和保持催化剂床内反应所需的热量，因此实际的催化剂表面温度被低估。此外，尽管 CVD 工艺具有较高的吸热特性，电磁感应加热模式下快速的温度调节允许将催化剂床层的温度保持并尽可能接近于设定的反应温度。与在焦耳加热模式下进行操作的 CVD 工艺相比，这种在电磁感应加热模式下运行的快速温度调节可能更显著地有助于 CVD 工艺的改进。

如图 8-2(a)所示，在电磁感应加热模式下 CNFs 的生长在低至 620℃时的反应温度下就已经开始。需要注意的是，使用传统的焦耳加热在如此低的合成温度下几乎没有观察到 CNFs 的生长过程。电磁感应加热在比焦耳加热低得多的温度下启动催化过程的能力也已经被其他研究人员观察到。这样的结果可通过以下的事实来解释，即电磁感应加热的高加热速率和热惯性的缺乏将允许反应温度与理论温度保持一致或接近，这对于焦耳加热模式来说却并不容易实现，因为如前所述的温度调节中较高的热惯性。对于碳材料，电磁感应加热提供的热量主要来自涡流，并且也主要位于发生反应的材料表面，因此这对提高整体催化过程的效率将会有很大的贡献。此外，可以考虑的第二个因素是磁场对 Ni 活性相的影响。事实上，在电磁感应加热模式下，优越的 CVD 活性也可以部分归因于通过磁的相互作用而在载体上局部的 Ni NPs 所形成的较高的表面温度。正如 Chaudret 等先前在析氧反应和加氢脱氧过程中报道的那样，这种局部的高温可以在不改变整个催化剂床层的宏观温度的情况下保持并运行。事实上，Chaudret 等已经将高的催化性能归因于纳米催化剂(FeNi NPs)表面的过热，因为这导致了远高于反应所用的溶剂沸点的局部高温。在这种局部高温下产生的热量会迅速地消散到整个催化剂基体中，尽管使用了相对温和的反应条件，反应还是能够顺利地进行。Wu 等最近在 CaO-C 催化剂上负载 Ni 用于从生物质水蒸气气化过程中生产 H_2 的研究中也报道了类似的实验结果。

通过两种加热模式在 700℃下使用 CVD 工艺反应 2h 后获得的具有不同放大倍数的 CNFs/GF 复合材料的 SEM 图如图 8-2(b)~(e)所示。在电磁感应加热下获得的样品与焦耳加热下的相比，CNFs 直径要小得多[见图 8-2(c)与(e)]。通过电磁感应加热和焦耳加热合成的 CNFs/GF 复合材料之间观察到的 CNFs 直径的差异可以用加热模式的差异来解释：在电磁感应加热中，Ni/GF 催化剂的温度在加热一开始就迅速升高，因此，在 CNFs 生长过程开始前，Ni 生长催化剂的烧结就显著地降低。相反，对于传统的焦耳加热，达到所需反应温度的时间要长得多，因此在这段时间内，可以在 GF 上发生 Ni NPs 的热烧结，从而催化剂在达到生长温度时产生了更大的 Ni NPs。相关文献报道一致认为，无论生长机制如何，即尖端或底部生长，CNFs 或 CNTs 直径与作为生长催化剂的金属颗粒的尺寸之间都有着直接关系。根据文献报道，对于 CNFs 的生长，Ni NPs 的尺寸差异预计是两种加热模式合成的 CNFs 直径差异较大的原因。催化剂颗粒尺寸对 CNFs 的生长速率也有着显著的影响，继而影响 CNFs 的产量。据报道，与较大的催化剂颗粒相比，小催化剂颗粒上的碳的生长速度更快，这可能是因为反应物解离的碳物种在小生长金属颗粒表面的快速扩散。此外，需要注意的是，在焦耳加热下，CNFs 呈卷曲形态包裹在 GF 基底上，而在电磁感应加热下，CNFs 沿着相对于 GF 基底轴的垂直方向生长。这种现象可能是因为电磁场对 Ni 活性中心和碳生长取向的影响。相关工作需要继续进行研究，以便对这一现象有更多的了解。

在 700℃下通过电磁感应加热或焦耳加热进行 CAD 合成后，反应器的数码照片如图 8-2(f_i)和(f_{ii})所示。结果表明，在电磁感应加热的反应器壁上没有通过热分解生成的有机化合物，因为合成后反应器壁保持透明。这可能是因为只有催化

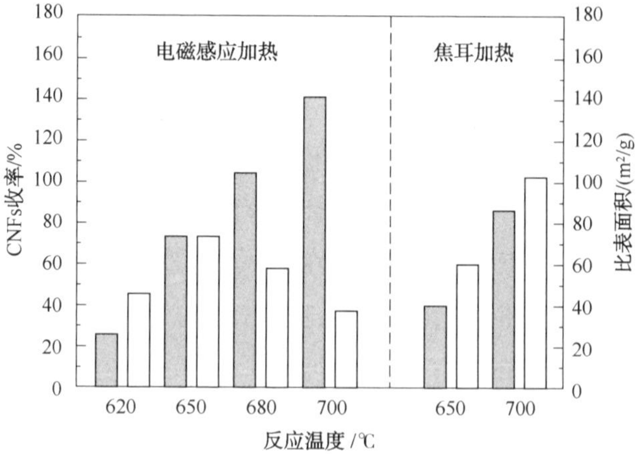

(a)

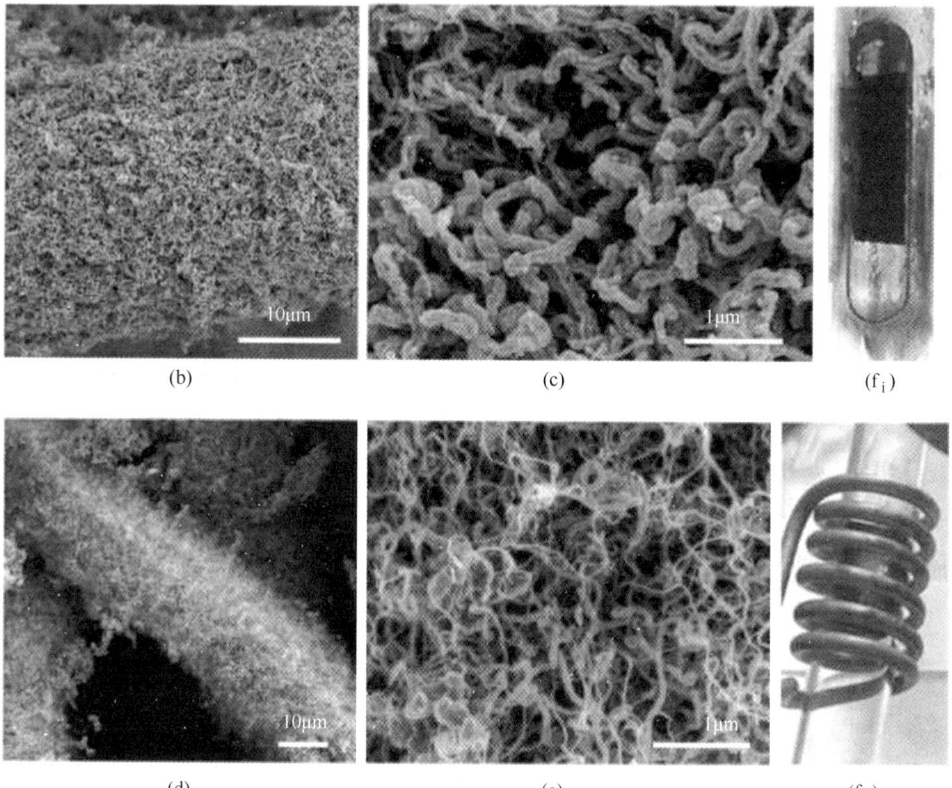

(b) (c) (f_i)
(d) (e) (f_{ii})

图 8-2 (a)CNFs 产量和比表面积作为合成温度的函数的比较，(b)~(e)在常规焦耳加热(b)和(c)和电磁感应加热(d)和(e)条件下 700℃反应 2h 获得的 CNFs 的 SEM 图，(f_i)和(f_{ii})在 700℃下使用电磁感应和焦耳加热 CVD 工艺后反应器壁的数码照片

剂保持在反应温度，而反应器壁和离开催化反应区域的相关气相反应物保持在低得多的温度，这防止了中间产物的热分解以产生碳质残留物，同时这与 Julian 等在微波合成过程中报道的研究结果相类似。另外，焦耳加热的反应器壁显示出深棕色化合物的存在[见图 8-2(f_i)]，这些化合物来源于碳前驱体或中间产物在反应器热壁上的非催化热分解的副反应。这种热分解是在冷却过程中在最终材料表面形成的一些无定形碳的原因，同时也是在反应器出口处形成重质烃残留物的原因，这使反应器进料再循环变得困难，而且含有重质碳氢化合物的废物在排放到大气环境之前也需要进行相应的环境保护处理。

在电磁感应加热模式下不同温度合成的 CNFs/CF 复合材料的 SEM 图如图 8-3 所示。在 620℃ 和 650℃ 的合成温度下，在 GF 整个表面上观察到均匀的 CNFs 层[见图 8-3(a)~(d)]。然而，在如此低的合成温度下，CNFs 网络是不均匀的，如图 8-3(a)~(c)所示，部分 GF 表面仍然未被 CNFs 覆盖。在更高的合成温度(680℃ 和 700℃)下，所生成的 CNFs 层变得非常致密，具有如图 8-3(e)和(h)所示的破碎形态，这可能是合成的样品具有低的比表面积的起源。在高温下合成的复合材料的低比表面积可归因于 CNFs 的快速生长，导致具有高表观密度的 CNFs 层交织在一起形成可接近性较低的结构。需要注意的是，在 680℃ 和 700℃ 的合成温度下，一些碳纳米颗粒也与 CNFs 网络一起被观察到，这可能是因为在更高的合成温度下，碳氢化合物会更快地分解，由此在催化剂颗粒上形成大量的碳物种，从而形成了这种碳纳米颗粒。这种碳纳米颗粒也将有助于降低复合材料的最终比表面积。还需要注意的是，与在焦耳加热模式下合成的样品相比，在电磁感应加热模式下合成的 CNFs 直径较小，这种现象可能与金属基生长催化剂在不同加热模式下发生的烧结问题直接相关。

中等分辨率的 SEM 图证实了在电磁感应加热模式下产生的 CNFs 的均匀直径(见图 8-4)。研究表明，这种现象可通过生长催化剂上 Ni NPs 相对较高的分散度来解释。如前所述，与焦耳加热模式相比，在电磁感应加热模式下产生的催化剂的高加热速率可以防止金属 NPs 的烧结，而在焦耳加热模式下，所设定的反应温度是需要使用较长的加热时间来达到的，这可能导致一些生长催化剂的烧结。

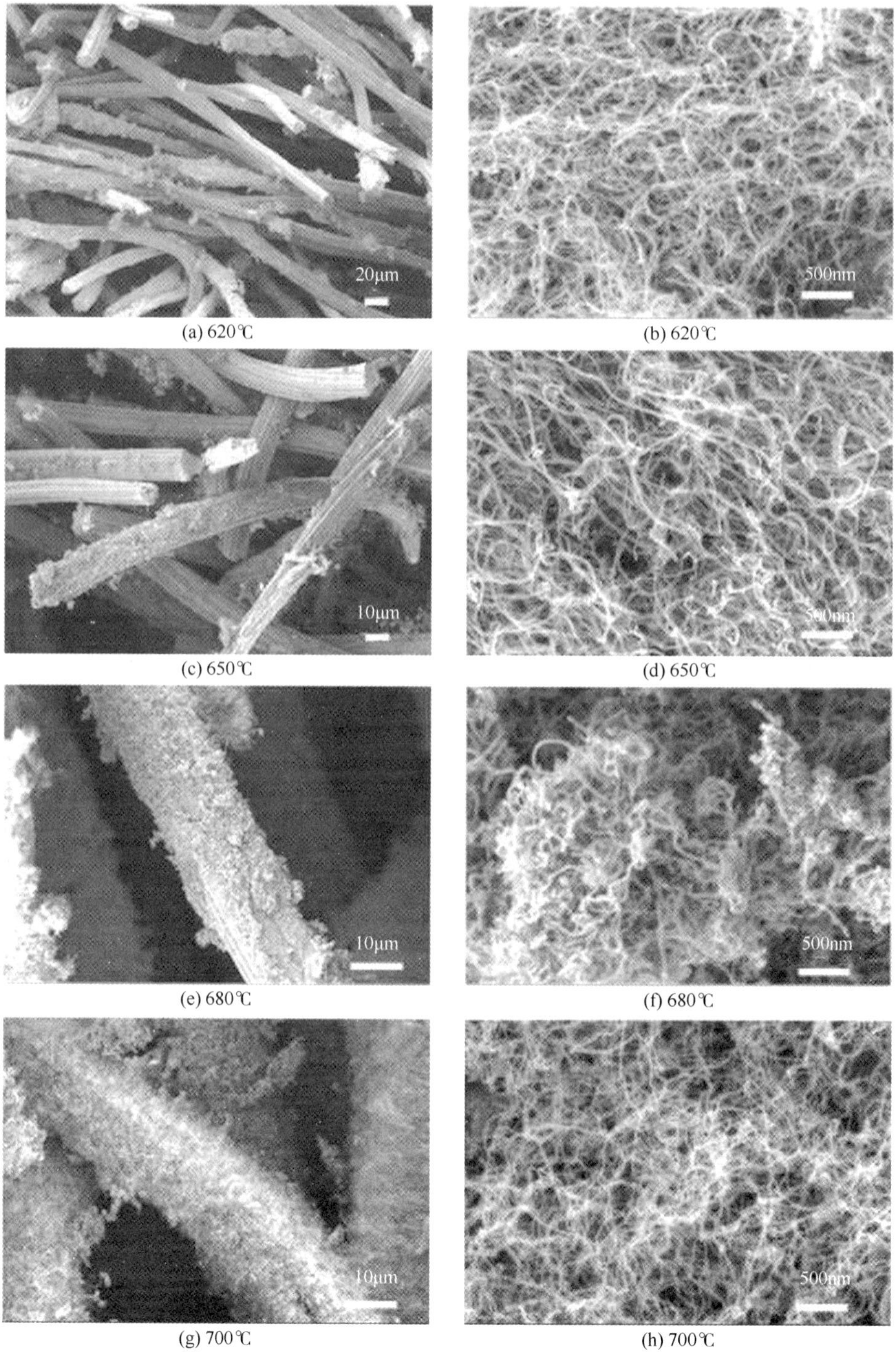

(a) 620℃ (b) 620℃

(c) 650℃ (d) 650℃

(e) 680℃ (f) 680℃

(g) 700℃ (h) 700℃

图 8-3 电磁感应加热条件下不同反应温度合成的 CNFs/GF 复合材料的 SEM 图

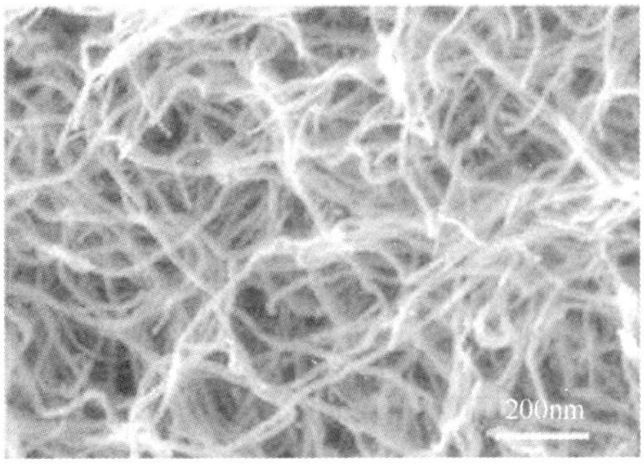

(a) 620℃

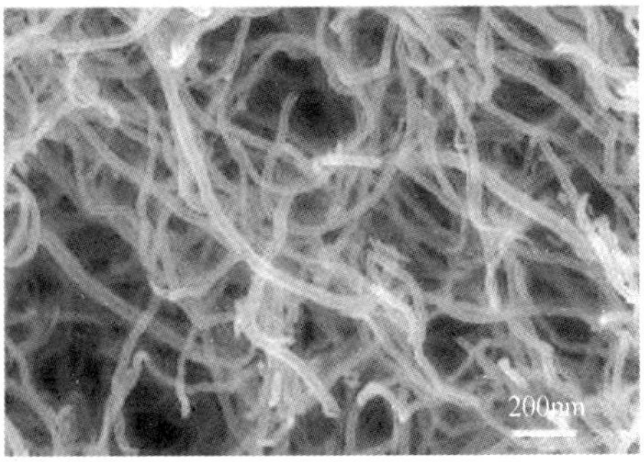

(b) 650℃

图 8-4　在 620℃和 650℃下通过电磁感应加热合成的 CNFs 的中等分辨率 SEM 图

8.2　结构石墨毡作为电磁感应加热感受器为 CO_2 甲烷化反应供热

Truong-Phuoc 等制备了一系列不同金属负载量[k = 10%、15%和 20%(质量分数)]的^{k}Ni/SiC，并将其夹在 GF 之间形成复合材料，然后将这些复合材料作为催化剂在两种区别明显而且在概念上就不相同的焦耳加热和电磁感应加热装置下应用于 CO_2 甲烷化过程(Sabatier 反应)，如图 8-5 所示。该研究表明，在非传统的电磁感应加热装置下运行的催化剂具有优异的反应性能、稳定性和耐久性。电磁感应加热的催化剂(在相对较低的反应温度下)的优异性能基本上是来源于催化床层上不同于焦耳加热的热管理。两种加热方案之间的比较分析以及过程动力学的研究为估计直接在主热源处测量的温度与电磁感应加热的金属纳米物体(Ni NPs)的真实温度之间的温度差提供了一个实用而简单的方法。如果假设该研究中所有催化剂的加热和冷却贡献(反应放热率，在不同气体体积空速下的固体-气体热交换，以及 SiC 载体的散热)是相等的，而与反应过程中加热配置(电磁感应加热和焦耳加热)的性质无关，那么这种温差将明确地与浸入交流电磁场中的导电和导磁的 Ni NPs 的独特散热特性(涡电流和磁滞损耗)相关联。

电磁感应加热技术在应用于甲烷化工艺时具有 CO_2 转化率和反应速率方面的明显优势，同时，这种电磁感应加热既不是试剂和产物在进入催化剂前和催化剂后的加热，也不是整个反应器及其周围的加热，由此在实际使用中所展示的没有任何热惯性现象以及催化床层温度的快速调节都揭示出这种加热技术在工艺安全

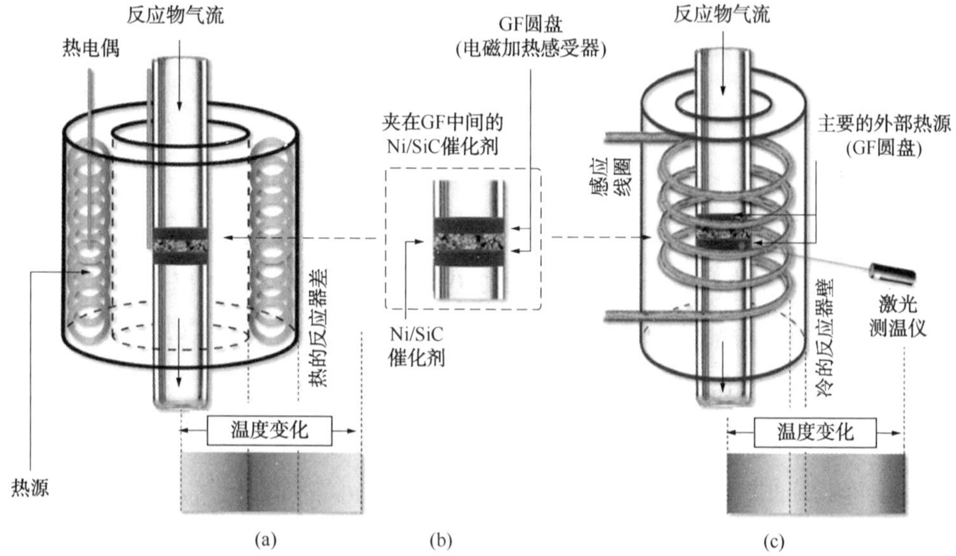

图 8-5　甲烷化过程采用的反应器配置：(a)采用基于热对流、热传导和热辐射的经典焦耳加热方案运行的管式电炉(热壁反应器)；(b)被夹在两个 GF 圆盘(基座)之间并放置于石英管反应器中的[k]Ni/SiC 催化剂的细节示意；以及(c)用于对暴露于外部变化磁场的敏感介质(GF 感受器)进行电磁感应加热的电感器线圈。根据焦耳加热(接触式)和电磁感应加热(非接触式)这两种加热技术，在相应的反应器配置下方呈现的热光谱说明到达催化剂以及从催化剂出发的经典的温度扩散

(冷的反应器壁)和减少能源浪费方面也具有独特的优势。最后，选择 SiC 作为金属活性相的载体保证了催化床层温度可以得到更好的控制。事实上，SiC 的热导率允许 GF 圆盘(电磁感应加热下的电磁感受器)和 Ni NPs 之间的双向热传递，从而避免了降低反应工艺的选择性和催化剂寿命的局部热点的形成。

8.2.1　碳化硅材料

碳化硅(SiC)以中孔颗粒(3×1mm，h×ø)23-25 的形式从 Sicat SARL 公司(www. sicatcatalyst. com)购买，通过 N_2 物理吸附(在 77K 下)测量的比表面积(specific surface area，SSA)为 27±3m^2g^{-1}。在将 SiC 颗粒用作制备 Ni 基复合催化剂材料的载体之前，用蒸馏水彻底清洗 SiC 颗粒，并在 140℃下烘干数小时，以去除所有的粉末成分。除非另有说明，否则从供应商处所收到的所有的其他试剂和溶剂均未经任何特定的纯化或者处理。

8.2.2 ^{k}Ni/SiC 复合催化剂材料的合成

在标准的制备程序中，用适量(3.0mL、4.8mL 和 6.8mL)的 5 摩尔每升的 $Ni(NO_3)_2 \cdot 6H_2O$ 的水溶液浸渍 SiC 颗粒(8g)，以获得理论的金属负载量分别为 $k=10\%$、15%和 20%(质量分数)的 ^{k}Ni/SiC 催化剂样品。然后蒸发浸渍后的样品，并在 110℃下进行烘干 2h，接着在 350℃的空气中煅烧 2h，以制备相应的 Ni 金属氧化物。所获得的 ^{k}NiO/SiC 预催化剂[$k=10\%$、15%和 20%(质量分数)]在纯 H_2气流($100mL \cdot min^{-1}$)下在 350℃下进行还原处理 2h。无论二氧化碳甲烷化试验所用加热装置[焦耳加热(Joule heating，JH)或者电磁感应加热(induction heating，IH)]的配置如何，该还原步骤都是作为原位的预催化剂处理来完成的。

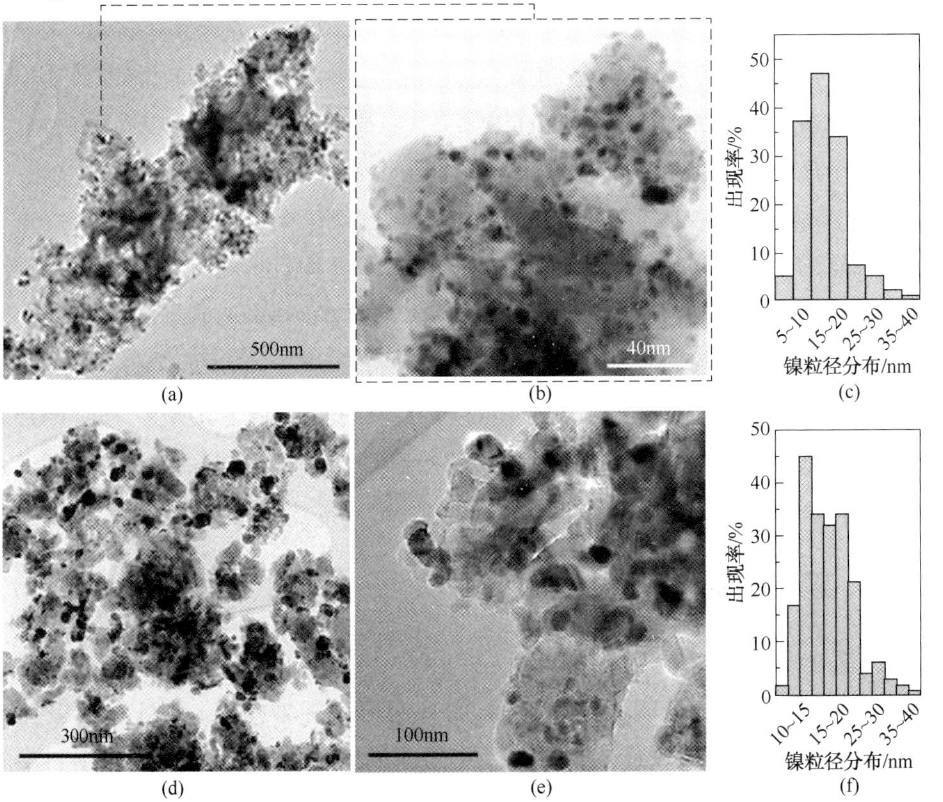

图 8-6　在不同放大倍数下在^{10}Ni/SiC(a)(b)和^{15}Ni/SiC(d)(e)上所观察到的 TEM 图，以及在每个样品的 100 个金属颗粒上所确定的 Ni 纳米颗粒尺寸的统计分布：在^{10}Ni/SiC(c)和^{15}Ni/SiC(f)样品上的 Ni 纳米颗粒的尺寸分布

^{k}Ni/SiC 上的 TEM[图 8-6(a)和(b)表示 $k=10\%$(质量分数)，图 8-6(d)和(e)表示 $k=15\%$(质量分数)]显示出 Ni 金属纳米颗粒在整个 SiC 载体上相对均匀的分散。此外，对每种催化剂进行的金属纳米颗粒尺寸分布的统计分析[图 8-6(c)和(f)]与其 XRD 的表征结果非常一致。对 ^{10}Ni/SiC 的高分辨率(HR)的 TEM 分析(图 8-7)揭示了 Ni 晶相的存在，晶面间距分别有 0.21nm 和 0.24nm，这是 Ni 和 SiC 相的(111)晶面的特征。

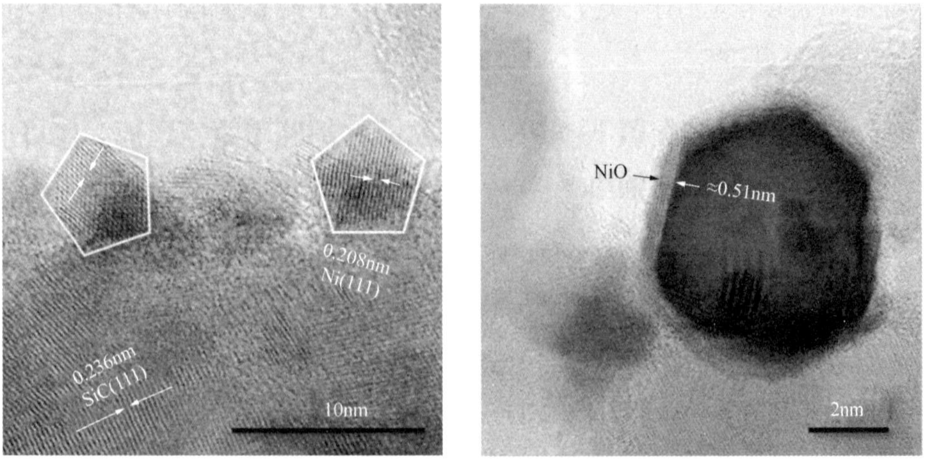

(a) (b)

图 8-7 (a)在 ^{10}Ni/SiC 上记录的 HRTEM 图显示了 Ni 和 SiC 的结晶相，不同的箭头分别突出显示了 Ni 和 SiC 的(111)晶面的间距；(b)HRTEM 图像表明在大约 5nm 的 Ni 纳米颗粒表面涂覆有薄的(大约 0.51nm)NiO 层

8.2.3 电磁感应加热(induction heating，IH)装置

在一个标准的反应测试实验中，含有催化剂的石英反应器被放置在电磁感应加热器的线圈内，并使用 PID 系统[比例-积分-微分控制器(proportional integral derivative，PID)，Eurotherm 3504 型]确保反应温度的实时控制和调节，同时该系统被连接到照射测量催化剂床层的激光高温计(遥感温度计)上[如图 8-5(c)所示]。

8.2.4 焦耳加热装置(电炉)

在一个标准的反应实验中，如图 8-5(a)所示，将含有催化剂的石英反应器放置在电炉中(ERALY Co.，$ø_{OD}$ = 200mm；$ø_{ID}$ = 55mm；深度 = 300mm；I_{max} = 8.6A，T_{max} = 1100℃)。使用两个 K 型热电偶来监测反应加热系统的温度，一个用于调节电炉的温度(T_F)，另一个位于与催化剂(T_C)密切接触的位置，用于测量整个反应过程中的温度波动。在这些试验中，使用了 $ø_{ED}$ = 0.5mm 的热电偶，这个热电偶非常接近电磁感应加热装置中激光高温计的激光瞄准点的尺寸。在每次催化反应运行之前，催化剂需要在纯的 He 气流下达到目标反应温度并稳定 30~45min[温度稳定的标准是 T_F(F 代表电炉)和 T_C(C 代表催化剂)之间所记录的最大温度偏差为±3℃]。

8.2.5 在两种加热配置下 ^{k}Ni/SiC 作为催化剂的甲烷化反应：焦耳加热与电磁感应加热

为了寻找更有效和更节能的甲烷化反应方法，在两种不同的反应器加热配置下研究了 ^{k}Ni/SiC[k = 10%、15%和 20%(质量分数)]催化剂的反应性能：(i)经典的反应器加热方案[图 8-5(a)]，使用电炉通过热对流、热传导和/或热辐射进行热传递(下文称为焦耳加热模式，JH)；(ii)基于暴露在变化磁场的具有电磁特性的敏感介质(感受器)以及其在催化剂床层或其附近能够将电磁能转化为热能的 IH 方案[图 8-5(c)](下文称之为电磁感应加热模式，IH)。

对于这两个反应器，在各自的宏观加热源处进行温度值的记录。因此，对于焦耳加热 JH 系统[图 8-5(a)]，分别使用放置在电炉中的两个热电偶(电炉温度，T_F)和与石英反应器紧密接触的两个温度计(催化剂温度，T_C)进行反应温度的监测。对于射频加热 IH 装置[图 8-5(c)]，使用遥感温度计(高温计)测量反应的温度，激光束直接照射在作为电磁感受器的石墨毡(graphite felt，GF)基座上。

无论采用何种加热配置，^{k}Ni/SiC 粉末都被夹在石英反应器中的两个石墨毡 GF 圆盘之间[图 8-5(b)]。当反应在焦耳加热 JH 配置下进行时，石墨毡 GF 是与催化材料无关的、多孔和热传导的载体[图 8-5(a)]，而当反应在电磁感应加热 IH 下进行时[图 8-5(c)]，石墨毡会表现出将电磁能转化为热能的电磁感受器的作用。单独使用石墨毡 GF 进行的空白加热试验在所操作的反应温度范围内没有显示出任何的二氧化碳的甲烷化的反应活性。

8.2.6 反应温度和加热管理模式(JH 与 IH)对甲烷化反应性能的影响

在第一组反应实验中，使用两种加热配置(JH 与 IH)研究了催化剂床层的反应温度对催化反应性能的影响，同时保持催化剂的质量(600mg)和反应气的 GHSV($10000mL \cdot g^{-1} \cdot h^{-1}$)不变。如图 8-8 所示，无论工作的催化体系是什么[^{k}Ni/SiC，k=10%、15%和 20%(质量分数)]，在 JH 模式下该反应(-●-)都呈现了二氧化碳(二氧化碳转化率 X_{CO_2})转化为甲烷的经典的 S 型趋势。尽管^{10}Ni/SiC 在 350℃时达到了更高的二氧化碳转化率(X_{CO_2})(并在 350~375℃几乎保持不变)，但^{15}Ni/SiC 和^{20}Ni/SiC 在 375℃时表现出更高的催化反应性能。正如所预期的那样，镍的负载量越高，二氧化碳的转化率就越高，尽管用每克镍每小时所产生的 CH_4的摩尔数所表示的比催化剂速率(λ)在^{10}Ni/SiC 催化剂上最好。

在这些反应操作温度(<400℃)下，无论采用何种加热装置，甲烷化工艺的选择性始终接近 100%，在反应器出口处未检测到微量的 CO 或者其他的副产物。如此显著的高的甲烷选择性部分原因是 SiC 载体的热导率，该热导率被认为通过将额外的热量分散到整个的催化剂体积，并最终通过反应气体流的作用(固体-气体的热交换)有利于热量的去除，从而降低局部温度梯度(热点)的产生。

在电磁感应加热的催化剂中，这种热交换甚至更加有效，因为在与(热的)催化剂表面接触之前，没有反应气流的预热过程发生。

当在电磁感应加热 IH(-×-)模式下，可以观察到，无论催化剂的金属负载量如何，在低于 350℃的反应温度下，催化剂的反应性能明显更高。值得注意的是，在 280℃和 300℃下，用^{15}Ni/SiC 测得的二氧化碳转化率比在相同实验条件下在 JH 模式下运行的催化剂测得的分别高出 48%和 43%[图 8-8(b)]。因此，对于已经处于标称低温(280℃)值的电磁感应加热的^{15}Ni/SiC，记录了更高的生产率值(λ)。这一结果具有很大的相关性，特别是考虑到这些催化剂可以与电磁感应加热技术相结合用于工业应用。在电磁感应加热的条件下，^{15}Ni/SiC 催化剂在较低的反应温度下测得的较高的催化剂比反应速率(λ)至少满足了可持续甲烷化方案的三个关键先决条件：(i)具有相对较低负载量的高度分散和非临界金属活性相的催化剂；(ii)相对温和的操作温度来得到具有较高的二氧化碳转化率而且化学选择性制备的合成天然气；(iii)一种更安全、真正节能的反应器配置，并且可以用于催化床层的高效热管理。

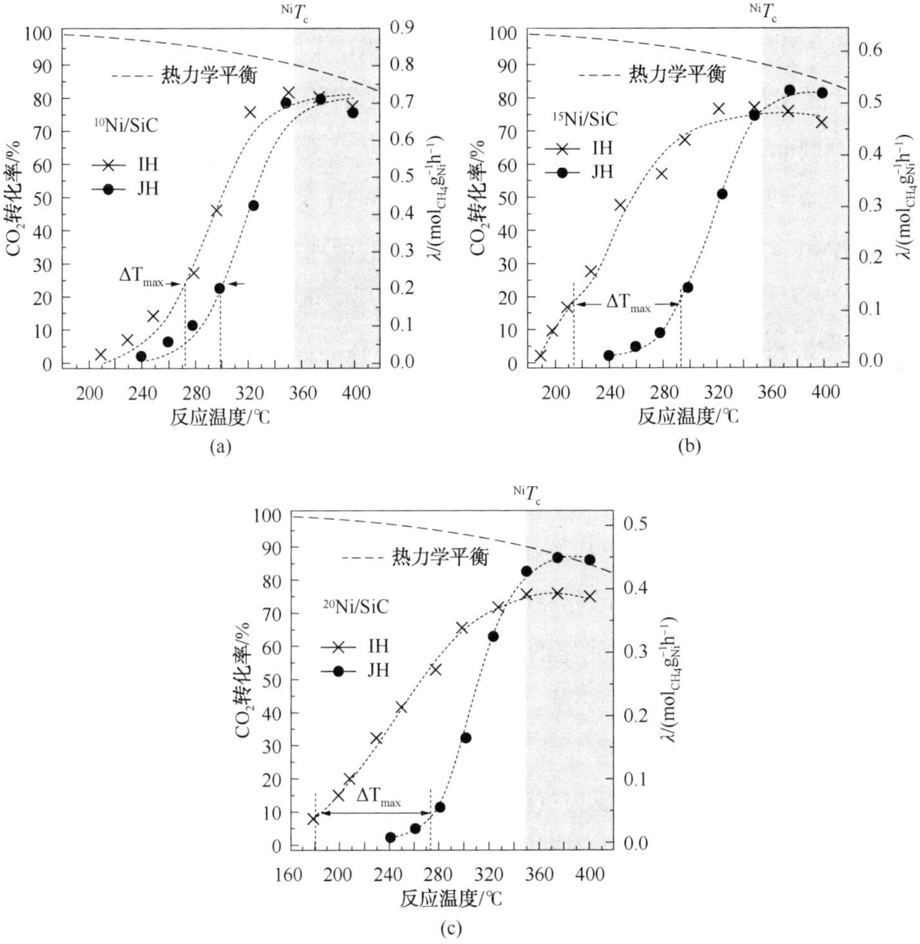

图 8-8　反应温度作为函数的[k]Ni/SiC 的二氧化碳甲烷化[$k=10\%$(a)、15%(b)和 20%(质量分数)(c)]反应性能图。所有催化剂的测试都是在没有任何热稀释剂的情况下进行的。反应条件：催化剂重量=600mg，GHSV(STP)= $10000mL\cdot g^{-1}\cdot h^{-1}$，[$CO_2$]=20vol%，[$H_2$]=80vol%，$H_2/CO_2$比=4，总流速=$100mL\cdot min^{-1}$，1 个大气压。-×-和-●-曲线是指分别在电磁感应加热(IH)和焦耳加热(JH)装置内通过实验测定的二氧化碳的转化率(X_{CO_2})与温度的关系。CH_4的选择性(S_{CH_4}，图中未示出)在整个反应温度范围内恒定地等于 100%。为了便于比较，图 8-8 中还包括在不同温度下该反应的热力学的平衡转换率(如虚线-----所示)。所有的实验数据均符合 I 型的 S 型曲线的逻辑函数

需要强调的是，当在电磁感应加热条件下进行催化反应时，在较高金属负载量(^{15}Ni/SiC 和^{20}Ni/SiC)下的 Ni 复合催化材料明显偏离了经典的 S 型曲线。在 IH 模式加热的催化剂的情况下，这种行为可以归因于催化床层处更复杂的热管理。事实上，对催化剂加热的贡献部分来自电磁感应加热的石墨毡 GF 圆盘(通过热对流或者热传导到导热的 SiC 载体的热量传递)，部分来自大尺寸的 Ni 纳米颗粒的导电性和磁性相关的耗散路径(涡流或者傅科电流和/或者通过磁滞损耗所提供的热量)。作为证据，在高于 350℃的反应温度下，在电磁感应加热 IH 模式下所测得的二氧化碳转化率和 λ 值较低[图 8-8(b)和(c)]，这些可以合理地归因于一个热散失路径的缺乏(如热滞后现象)，而且是基于反应温度对于金属的磁性的影响。

8.3 电磁感应加热下结构碳毡负载 Ni 基催化剂用于 CO_2 甲烷化反应

Wang 等制备了一种用于 CO_2 甲烷化高效且耐用的催化剂，该催化剂由基于生长在导电且具有宏观形状的氧化碳毡圆盘(oxidized carbon felt, OCF)上的 Ni NPs(8.4%的质量分数)作为活性相，并通过电磁感应被加热到目标反应温度，催化反应装置和甲烷化反应示意如图 8-9 所示。与更经典的焦耳加热方法相比，电磁感应加热被证明对催化剂的反应性能具有很大的积极影响。事实上，电磁感应加热器提供的电磁能可以被导电的碳质基座(OCF)直接吸收，OCF 可以将其转化为热以传递给 Ni NPs。通过这种加热方式，可以实现对催化剂活性位点处的目标温度的几乎实时控制，同时在整个反应过程中的能量利用、催化剂效率以及催化剂的反应稳定性方面表现出优势。而且，电磁感应加热技术所确保的快速的温度调节速率(每分数百摄氏度)可以控制和平衡催化剂床层处所不期望的和突然发生的温度变化。由此在实际工业系统中经常遇到催化剂床层的温度波动(如由于反应原料的不连续供应所导致)可以被精细地控制，从而允许反应器可以在几乎等温的条件下操作运行。Ni/OCF 的电磁感应加热使其在纯净的反应气物流并且无须任何的惰性气体稀释的反应条件下，催化剂 CO_2 转化率高达 74%，CH_4的选择性在 320℃时已接近 97%。需要注意的是，在更传统的焦耳加热模式控制下，相同的催化剂在反应器温度设置为 380℃时，CO_2 转化率的值低至 65%，同时 CH_4的选择性降低为 92.5%。

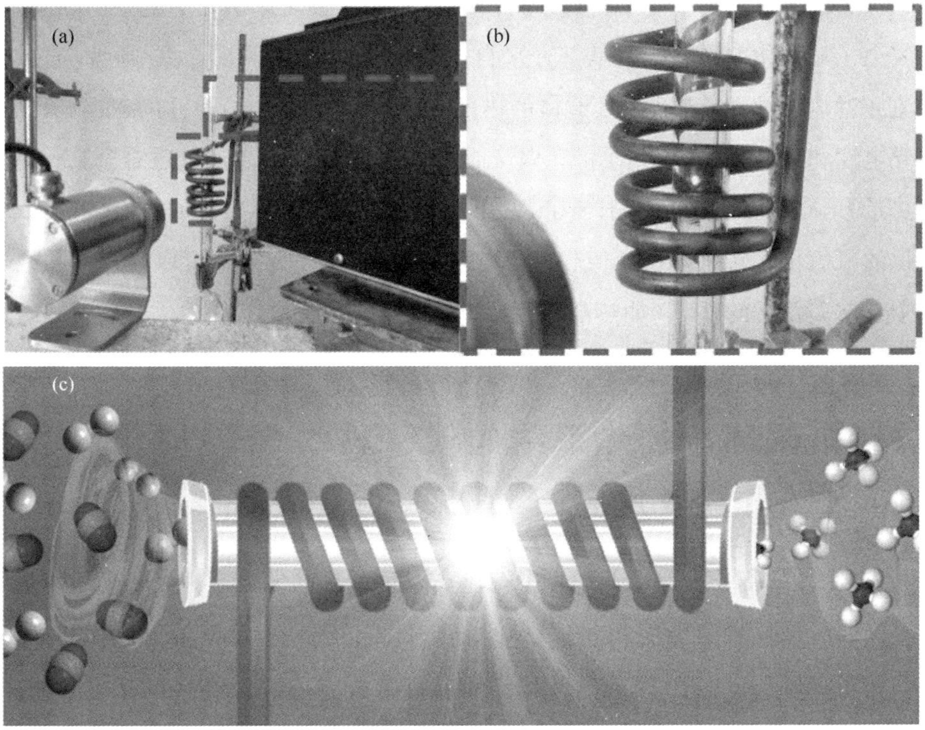

图 8-9　(a)和(b)放置在电磁感应加热器线圈内石英管反应器中的 Ni/OCF 催化剂的数码照片，以及用于控制催化剂床层内反应温度的激光高温计，及(c)电磁感应加热下二氧化碳甲烷化反应的示意

当施加强制的动态操作反应条件(反应温度、气体体积空速和反应原料负载)时，Ni/OCF 在电磁感应加热条件下也显示出优异的反应稳定性。在模型试验中，反应系统被明确强制性地采用了动态运行模式，以模拟在接近真实的工厂运行条件下的反应操作过程的不连续性。这些测试实验包括运行了几个连续的启动和停止循环，以及目标反应温度和气体体积空速的变化，从而揭示了 Ni/OCF 催化剂在苛刻的实验条件下的极高稳定性。最后，使用长时反应实验(大于 80h 的反应时间)来确认催化剂在运行数小时后的稳定性。如图 8-10 所示，反应后 Ni/OCF 催化剂样品的 TEM 表征分析排除了在整个反应过程中 Ni NPs 任何明显的烧结的发生。此外，由于电磁感应加热技术确保了反应过程中的高效热管理，似乎

不太可能发生由碳沉积物产生的金属 NPs 的反应钝化。

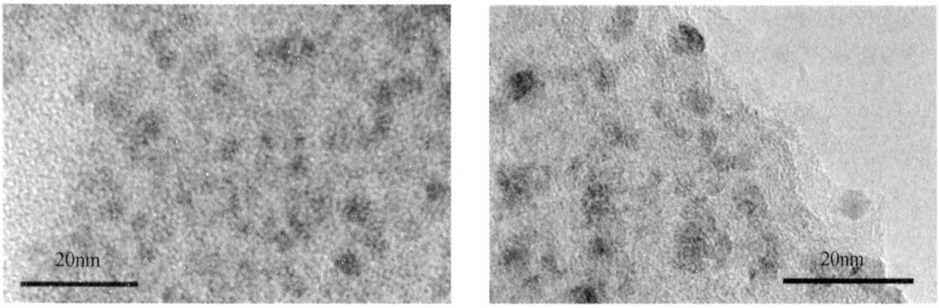

(a)反应前 (b)反应后

图 8-10 Ni/OCF 催化剂反应前和反应后的 TEM 图

8.3.1 载体处理与催化剂制备

商业化生产的柔软的聚丙烯腈(polyacrylonitrile, PAN)基碳毡(carbon felt, CF)购买自 Carbone Lorraine 有限公司[RVC 4002 碳毡，密度 = $100kg \cdot m^{-3}$，96% 的碳含量，比表面积(Specific Surface Area, SSA)为 $2.0 \pm 1m^2 \cdot g^{-1}$]，为厚度为 12mm 的黑色地毯状，可切割成圆盘或其他形状用于下游。在用气态硝酸[68%(质量分数)HNO_3]处理进行氧化之前，将购买的 CF 样品切割成外径为 22mm 的圆盘。在标准的氧化处理过程中，CF 圆盘被放置于管状的石英反应器内，通过外部电炉加热至 250℃。然后将通过在 125℃ 下加热浓硝酸[68%(质量分数)HNO_3]所获得的硝酸蒸汽通过管式反应器 4h。最后，用蒸馏水彻底洗涤氧化碳毡(oxidized carbon felt, OCF)，并在使用前在 110℃ 的烘箱中干燥至恒重。

通过初湿浸渍法，使用硝酸镍 $Ni(NO_3)_2 \cdot 6H_2O$ 的水溶液将镍金属纳米颗粒沉积在氧化碳毡 OCF 载体上，以获得接近 10%(质量分数)的理论金属负载量。将烘干燥的预催化剂在 200℃ 的空气中煅烧 1h，将硝酸镍转化为镍的氧化物。之后，NiO_x/OCF 在 350℃ 下，在动态 H_2 还原气流($100mL \cdot min^{-1}$)中进行 1h 的还原操作。

8.3.2 电磁感应加热装置

电磁感应加热装置(EasyHeat LI)采购自荷兰的 Ambrell 有限公司。它包含一个螺旋的5匝的感应线圈，该线圈由外部冷却器所提供的再循环液（10%的甘油）进行内部冷却。将含有催化剂的石英反应管放置在电磁感应加热器线圈内，如图8-9所示。反应管温度的实时测量和控制由连接到激光高温计（Optris®，德国产，图8-9）的PID系统（Eurotherm型号3504）来进行，该系统可以在150~1000℃的温度范围内进行工作[工作环境温度为(23±5)℃]，由此用于实时地控制催化剂床层内的反应温度。该电磁感应加热系统允许的加热/冷却速率大约为200℃·min^{-1}。

8.3.3 Ni/OCF催化剂的合成与表征

碳毡CF的酸处理被用于赋予原始疏水碳材料的亲水性，以获得更可润湿的表面，便于$Ni(NO_3)_2 \cdot 6H_2O$水溶液的浸渍步骤。尽管这种酸处理有助于调节CF表面的化学物理性质（见下文），但它对样品的宏观形状的影响却可以忽略不计。因此，催化剂的外观形状可以预先被固定在原始的CF上，如图8-11(a)所示，用于其最终的下游催化应用。OCF在不同放大倍数下的SEM和TEM显微照片显示[图8-11(b)~(e)]，其由平均直径为(10±1)μm的碳微丝组成，具有高度缺陷和低结构的碳表面形态。事实上，HNO_3蒸汽的初始氧化处理应在化学成分（在高缺陷性的碳原子上形成含氧官能团）、比表面积（SSA）和孔径分布（见下文）方面深度改变CF的表面物理化学性质。

酸处理前后碳毡CF样品的TGA/DTG图谱如图8-12(a)所示。与原始的CF相比，氧化碳毡OCF显示出氧化失重温度的显著降低。这一趋势与OCF上存在的结构碳的缺陷程度一致。最重要的是，氧化处理可以转化为材料比表面积（SSA）的显著变化，从约2（CF）增加到689$m^2 \cdot g^{-1}$（OCF）[图8-12(b)]。用$Ni(NO_3)_2 \cdot 6H_2O$溶液浸渍OCF并进行焙烧处理后，复合催化材料的SSA降低至463$m^2 \cdot g^{-1}$，这与煅烧处理对碳材料表观形态的影响和NiO_x纳米颗粒的沉积所引起的材料中部分孔隙的堵塞结果相一致[图8-12(b)]。

两种样品（OCF和NiO_x/OCF）都表现出IV型等温线，在$P/P_0=0.4 \sim 1.0$范围内具有中等但独特的H4滞后曲线（特别是对于OCF），这是以形状不明确的复杂孔网络为特征的介孔结构的典型特征。

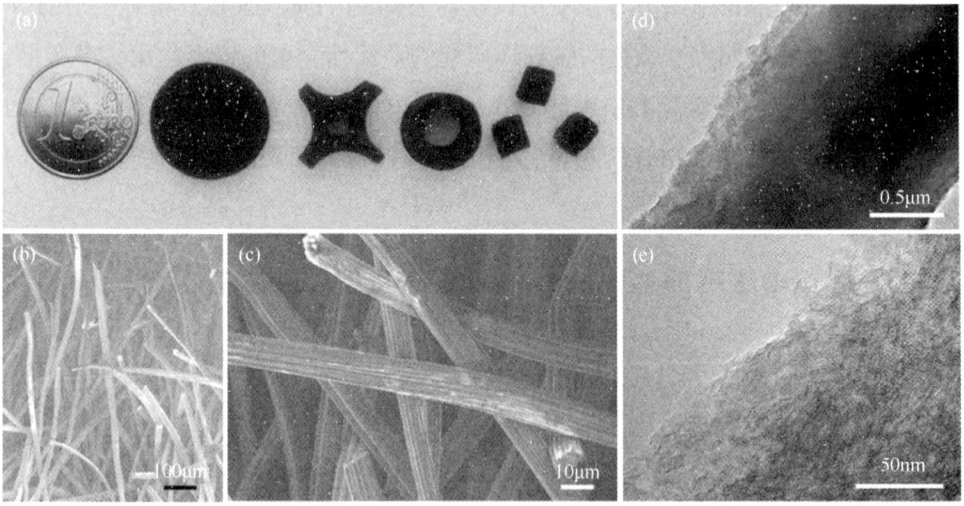

图 8-11 (a)可用于潜在下游应用的宏观形状示例，(b)CF 的 SEM 显微照片，(c)至(e)酸处理后 OCF 样品的代表性 SEM 和 TEM 显微照片，显示在该材料外表面形成了无序的碳结构

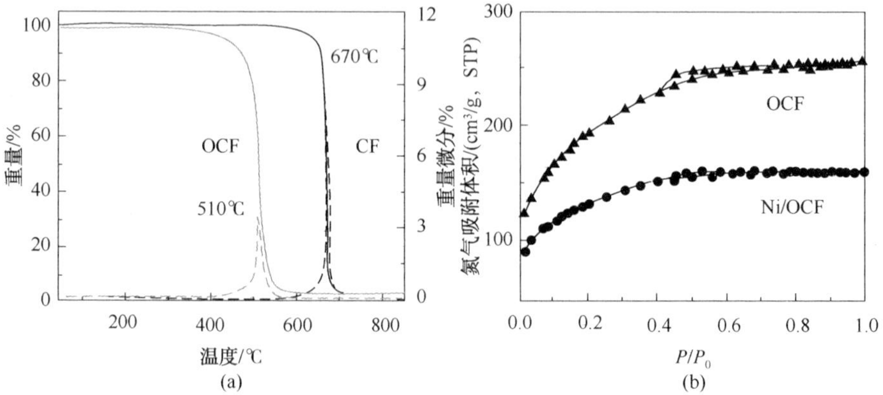

图 8-12 (a)在 50~850℃温度范围内、加热速率为 5℃ · min^{-1}的氧化气流(O_2/He：20/80V/V%，50mL · min^{-1})下记录的 CF 和 OCF 的 TGA/DTG 图谱，(b)OCF 和 NiO_x/OCF 样品的 N_2吸附-解吸等温线

煅烧/还原后，通过透射电子显微镜(TEM)分析 Ni/OCF 催化剂上的 Ni 纳米颗粒分布，不同放大倍数下样品的代表性图像如图 8-10(a)所示。TEM 显微照片显示，根据对 200 个 Ni 纳米颗粒的 TEM 统计分析，Ni 纳米颗粒在整个样品上大

致呈现出单分散且密集的分布，平均粒径约为(4±1)nm。OCF上相对狭窄的Ni纳米颗粒分散可以归因于氧化的碳载体所起的对活性金属的锚定作用。事实上，Ni盐的前驱体和高度缺陷且亲水的OCF表面之间相对较强的相互作用，被认为对于限制复合材料在高温时所经历的金属纳米颗粒的团聚现象起着至关重要的作用。

8.3.4 使用电磁感应加热的Ni/OCF作为催化剂的二氧化碳甲烷化反应

1. 反应温度的影响

在标准的甲烷化反应过程中，将NiO_x/OCF催化剂盘固定在石英管反应器中，放置在电磁感应器加热线圈内，并在纯H_2气流下在350℃下预处理1h。然后，将还原后的Ni/OCF催化剂的温度固定在反应所需的目标值，并在环境压力(1个大气压)和30000mL·g^{-1}·h^{-1}的体积空速(gas hourly space velocity，GHSV)下引入H_2/CO_2的气体混合物(体积比=4)并向下通过催化剂床层。在160~380℃温度范围内测量的CO_2转化率(X_{CO_2})和甲烷选择性(S_{CH_4})如图8-13所示。根据文献报道，X_{CO_2}在增加反应器的温度的同时稳步增加，并迅速接近甲烷化。值得注意的是，Ni/OCF已经在中等的反应高温下提供了优异的催化性能。事实上，在上述相同的实验反应条件下(H_2/CO_2体积比=4；GHSV=30000mL·g_{cat}^{-1}·h^{-1})，在320℃下，其X_{CO_2}达到74%，S_{CH_4}接近97%。如果考虑到与迄今为止报道的许多其他催化系统相比，Ni/OCF是在更苛刻的反应条件下运行，例如该反应系统使用纯的反应气流，而不需要通过任何惰性气体的稀释，则该催化剂的反应实验结果将显得更加突出。

CO代表在反应器出口处与CH_4一起检测到的反应过程的独特还原中间体。对于温度<300℃的二氧化碳甲烷化试验，甲烷选择性S_{CH_4}相当适中，因为CO的动力学稳定性使其难以在这些条件下被转化为CH_4。在更高的反应温度下(>320℃)，二氧化碳转化率X_{CO_2}和甲烷选择性S_{CH_4}都会减少，这主要是由于催化过程中的副反应，即水蒸气重整反应(降低甲烷选择性)、水煤气变换反应(降低二氧化碳转化率)或逆水煤气变换反应(降低甲烷选择性)。

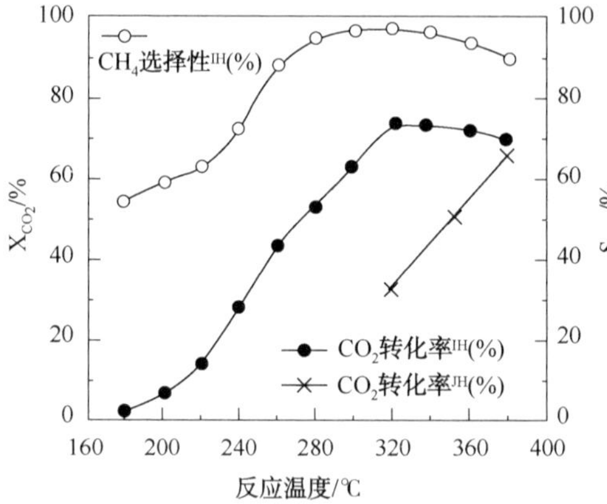

图 8-13 通过电磁感应加热(IH)装置操作的以 Ni/OCF 作为催化剂的二氧化碳甲烷化反应性能图[CO_2转化率(X_{CO_2})和 CH_4选择性(S_{CH_4})]。-X-是指用传统的焦耳加热(JH)系统测量的 CO_2转化率(X_{CO_2})。两种加热方法的反应温度都是指在催化剂床上直接测量的温度。反应条件：催化剂重量=0.23g[8.4%(质量分数)的 Ni]，体积空速(GHSV)=30000mL·g_{cat}^{-1}·h^{-1}，[CO_2]=20%，[H_2]=80%，H_2/CO_2体积比=4，所计算的催化剂的停留时间：1.2s

为了与更传统的外部加热系统(焦耳加热 JH)进行比较，在与上述操作相同的催化反应条件下，对新一批的 Ni/OCF 重复二氧化碳的甲烷化反应过程，不同之处在于使用电炉来设定目标的反应温度。因此，将含有还原的 Ni/OCF 催化剂的反应器放置在配备有用于监测电炉的热电偶和与催化剂床层相接触的用于测量反应温度的第二个热电偶的电炉内。在这些条件下，如图 8-13 所示，Ni/OCF 的反应性能随二氧化碳转化率 X_{CO_2} 而显著变化，相对于在相同温度(320℃)下电磁感应加热 IH 下测得的值，X_{CO_2}降低了 57%(在 320℃下，电磁感应加热下二氧化碳转化率 $X_{CO_2}^{IH}$ 和焦耳加热下二氧化碳转化率 $X_{CO_2}^{JH}$ 分别为 74%和 32%)。

值得注意的是，在焦耳加热 JH 条件下，只有在将反应器的温度提高到 380℃以上后，Ni/OCF 催化剂的 X_{CO_2}值才能达到 65%(S_{CH_4}=92.5%)。这样的结果可以归因于电磁感应加热方法的高效性，该加热方法能够将该反应过程所需的热量直接提供给催化剂。除了在整个反应过程中提供精确且易于调节的催化剂床层的温度控制外，电磁感应加热 IH 在很大程度上防止了主要由接触加热模式

(JH)中典型的热传导和热对流现象所引起的热损失。一方面这对于许多工业过程是至关重要的，在许多工业过程中，有限的催化剂反应性能通常是由于与传递到催化剂的有效热传递相关的物理约束，而不是与固有的催化剂活性有关。Rostrup-Nielsen 及其同事计算出，提供给重整反应管的外部加热只有 10%(甚至更少)用于催化过程，而剩余的(大部分)部分由于从热源到催化剂的接触加热模式中所遇到的热传递限制而消散。最近，Vinum 等人描述了将双功能的 Co-Ni 纳米颗粒与电磁感应加热相结合作为操作水蒸气甲烷重整反应(steam methane reforming, SMR)的独特热源。与更传统的供热系统不同，该作者得出如下研究结论：在电磁感应加热 IH 下，催化剂在其动力学极限下运行，即催化剂的反应性能受反应动力学而非热传递的限制。

2. 动态运行模式对 Ni/OCF 催化性能的影响

作为在动态条件下测试 Ni/OCF 的模型反应实验，在将催化剂保持在可变的反应温度、体积空速 GHSV 和使用纯净的反应气作为反应进料的情况下，研究了连续的启动/停止的工艺循环对催化剂反应性能的影响。这些实验之所以能够成为可能，是因为在电磁感应加热下进行操作的反应过程中，催化剂的温度控制表现出精准细致并且几乎是即时的。事实上，电磁感应加热 IH 的加热和冷却速度都非常快($\geq 200℃\cdot min^{-1}$)，并且可以很容易控制，由此避免实际反应操作工作中催化剂上突然出现的有害的温度偏差。在可变条件(反应温度和 GHSV)下，用 Ni/OCF 催化剂进行的几个启动/停止二氧化碳甲烷化循环的完整概述如图 8-14 所示。

根据催化反应的结果(二氧化碳转化率 X_{CO_2} 和甲烷选择性 S_{CH_4})，包括在 260~320℃反应温度范围内快速冷却/加热催化剂和同时用氦气替换 H_2/CO_2 进料的连续启动/停止循环，即使在几个反应操作循环后，也不会显示出催化剂反应性能的任何明显改变。值得注意的是，由于冷却和加热阶段所需的响应时间较长，此类启动/停止的反应性能测试无法在传统的加热模式(焦耳加热 JH)下运行。此外，快速的加热/冷却速率以及对催化剂床层处目标温度的精细控制，为反应器提供了用于控制(几乎实时地)与反应气不连续供应到反应器中有关的突发情况的强大工具。

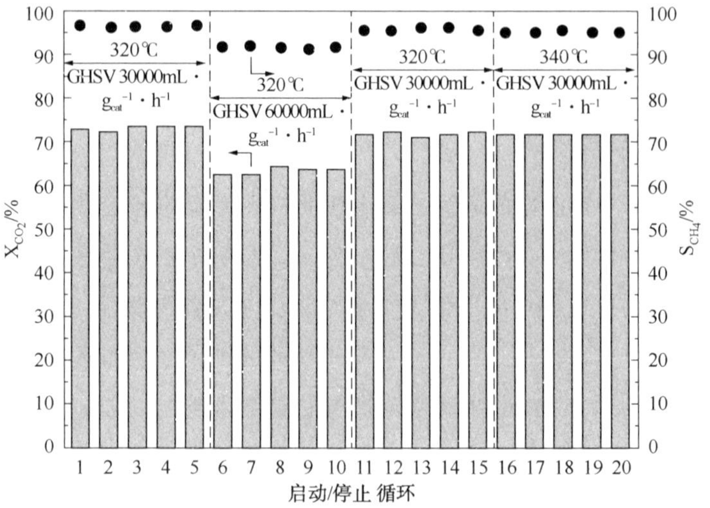

图 8-14 在不同反应条件(反应温度和体积空速 GHSV)下操作的连续启动/停止循环形式的动态操作条件模式下的 Ni/OCF 催化剂的反应性能。反应条件：催化剂重量=0.23g，GHSV=30000 或 60000mL·g_{cat}^{-1}·h^{-1}，H_2与 CO_2的体积比为 4，循环操作的反应温度和时间：320℃或 340℃，持续 1h，反应停止期间的温度保持值为 260℃，持续 0.25h

事实上，精细而快速的温度控制对于避免催化剂床层处的温度突然升高至关重要，从而限制了对于催化剂(分解和/或纳米颗粒烧结)和催化反应过程的不利影响。除了载体的热导率所起的作用外，催化剂内部局部温度梯度(“热点”)的产生还可以通过电磁感应加热 IH 系统运行的高加热/冷却速率来方便地平衡。众所周知，即使在以低的体积空速 GHSV 运行并使用惰性气体稀释的反应气体进料的反应器中，二氧化碳的甲烷化也会产生催化剂床层的局部温度梯度。因此，在以更高的 GHSV 工作并以纯反应气物流进料的反应器中，催化剂床层局部温度梯度的产生可能具有更剧烈的影响。在由 IH 操作的使用 Ni/OCF 的二氧化碳甲烷化反应中，催化剂内部的温度控制(由 IH 模式确保)与 OCF 载体的中等导热性的结合，为该反应过程提供了一个稳健而有效的催化系统，在该反应过程中，即使不能完全地防止局部“热点”的产生，也可在很大程度上抑制局部“热点”的产生。这一关键特征在上述 Sabatier 反应的不连续(启动/停止)和动态(温度和 GHSV)操作模式下表现出良好的催化剂稳定性。作为 Ni/OCF 在反应气流中催化稳定性的额外证明，在恒定的反应条件下进行了长时间的二氧化碳甲烷化反应评估实验。

8.3.5 稳定性评价实验

使用 Ni/OCF 作为催化剂进行二氧化碳甲烷化反应的稳定性测试实验结果如图 8-15 所示。Ni/OCF 在运行 80h 以上仍显示出较高且稳定的二氧化碳转化率（X_{CO_2}），因此表明在这些反应条件下不太可能发生失活现象（活性金属相的烧结、通过焦炭沉积或金属浸出所产生的金属纳米颗粒的钝化）。Wang 及其同事最近研究了没有任何助剂添加的 Ni 纳米颗粒修饰的碳纳米管（Ni/CNTs）作为二氧化碳甲烷化反应的催化剂，结果表明随着反应时间的推移在反应运行中催化剂逐渐失活的原因主要是产生了焦炭沉积物。

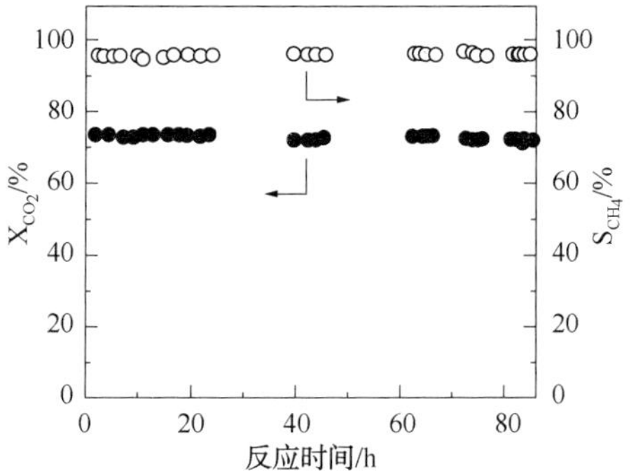

图 8-15　使用 Ni/OCF 作为二氧化碳甲烷化催化剂的稳定性评价实验。

稳定性实验的条件：催化剂重量 = 0.23g，体积空速 = 30000mL · g_{cat}^{-1} · h^{-1}；

H_2/CO_2 体积比 = 4；反应温度 = 320℃

Feng、Centi 和 Stangeland 等人也进行了使用不同的氧化铝或助剂载体的镍基催化剂用于二氧化碳甲烷化反应的研究报道。一系列的反应实验表明，催化剂的失活也可以通过反应床层局部产生的温度梯度所引起的 Ni 纳米颗粒的烧结引发，由此温度梯度的产生将逐渐减少在催化反应中可用的金属活性位点的数量。

反应后 Ni/OCF 催化剂的 TEM 分析［如图 8-10（b）所示］用于揭示复合催化材料在反应运行中的稳定性。反应后催化剂上的 Ni 纳米颗粒（在运行超过 80h 后）与其新制备的对应物的 Ni 纳米颗粒的比较分析［见图 8-10（a）］显示只有中等程度的金属纳米颗粒的烧结发生。

TEM 显微照片显示，反应后催化剂与原始催化剂相比保持了相似的 Ni 纳米颗粒的分散和分布，平均粒径约为(5±1)nm(通过对 200 个 Ni 金属纳米颗粒的统计分析确定)，并且在整个 TEM 扫描区域内不存在任何宏观的聚集体。Ni 纳米颗粒在整个催化反应过程中所表现出的如此高的抗热性也归因于该金属纳米颗粒和高度缺陷的 OCF 载体之间所存在的相对较强的相互作用。

这些证据间接证实了电磁感应加热 IH 模式和 OCF 载体的热导率所确保的对于催化剂的金属活性相的良好的热控制。这两个特征对于催化剂在反应过程中的稳定性都有很大的有益的影响，特别是在控制局部温度梯度的产生方面，而局部温度梯度的产生可以容易地引起镍金属纳米颗粒的烧结现象的发生。

8.4 结构碳材料基非金属催化剂在电磁感应加热下用于 H_2S 选择性氧化反应

Wang 等开发了一种具有宏观形状的氮掺杂的中孔碳涂层包覆的碳化硅催化剂(NMC/SiC)，并充分验证了其是一种在各种反应条件下使用非接触的电磁感应加热和经典的焦耳加热模式都可以将 H_2S 选择性氧化为元素硫的非金属碳催化剂，而且，使用这种具有高导热性的薄层氮掺杂的中孔碳涂覆的 NMC/SiC 和非接触的电磁感应加热的组合在不同的反应条件下都表现出对 H_2S 选择性氧化的高效率。与传统的焦耳加热相比，利用电磁感应加热技术在恶劣的反应条件下运行催化脱硫反应过程显示出诸多优点，例如该催化脱硫过程在更低的反应温度(180℃)和更高的气体体积空速($3600h^{-1}$)下都更加容易运行且反应性能良好。

在电磁感应加热模式下，加热装置供给的热量直接指向固体催化剂(电磁感应加热感受器)，而反应器入口处的气体不被加热，与传统的间接热对流或者热传导加热相比，这有助于减少反应系统总能量的输入，在传统的间接加热方式中，通过从电炉到催化剂床层的热对流和热传导过程损失了大量的热量。电磁感应加热感受器接收到的热量通过具有高导热性的氮掺杂中孔碳包覆层快速地转移到发生反应的催化剂整个表面。此外，非接触式电磁感应加热的高目标性能够允许催化剂床层温度的快速调节，可有效地消除在传统的焦耳加热条件下高反应气速运行时遇到的通过气固热交换产生的巨大的热损失。目前的科学研究也为将电磁感应加热系统整合到可再生能源的网络中开辟了可能性。作为一个即插即用的小型高效加热系统，电磁感应加热技术有助于将工业装置分散到反应原料的开采地点，并且可通过降低与长途运输相关的能源消耗，进而显著地减少整个反应过程的总体碳排放。

8.4.1 碳化硅载体

根据以下化学反应方程式(8-1)和式(8-2)，通过气固合成工艺制备多孔的碳化硅(β-SiC)载体：

$$SiO_2+Si \longleftrightarrow 2SiO \tag{8-1}$$

$$SiO+C \longleftrightarrow SiC+CO \tag{8-2}$$

在合成过程中，由反应[化学反应方程式(8-2)]所生成的一氧化碳被氩气气流连续冲洗，这迫使整个化学反应向右侧移动。SICAT公司(https：//www.sicat-catalyst.com)开发的工业生产流程允许β-SiC材料的生产能力达到约为每年50t，并且可以根据下游应用定制不同的尺寸和外观形状。所获得的β-SiC显示出独特的中孔和大孔的网络结构，这使其适合用作许多催化过程中的具有中等传热性质的导热载体。同时这种材料显示出0.120cm^3·g^{-1}的总孔体积，并且主要由平均孔径集中分布在约(12.8±1.5)nm的中孔组成。

8.4.2 NMC/SiC整体式催化剂的合成

用去离子水彻底清洗条状挤出物形式的商用β-SiC(D≈1mm，L≈3mm)，以去除其表面部分的粉末状材料，然后在130℃下将其进行完全的干燥过夜。氮掺杂的中孔碳涂层合成工艺已经在之前的研究文献中得到广泛的报道。在一个标准的制备程序中，在室温下将1.5g的D-葡萄糖和2.25g的柠檬酸加入10mL的超纯Milli-Q水中。然后，在室温缓慢搅拌下，将1.73g碳酸铵作为一份加入该溶液中，接着可以观察到由于二氧化碳的析出而产生的瞬时泡腾，随后将所获得的澄清溶液逐滴浸渍到10g的商用β-SiC载体上。将浸渍的润湿固体保持在40℃，直到表面干燥，然后在空气中加热至130℃并保持1h。然后将合成的复合材料在900℃的He中以5℃/min的加热速率进行退火处理2h，在此期间，在SiC基体上将形成中孔氮掺杂的石墨化的碳涂层。原始 SiC 的数字照片如图 8-16(a)所示。NMC/SiC 样品显示出与原始的 SiC 载体(未示出)相同的形态以及更深的颜色，这可归因于涂覆的 NMC 层的存在。

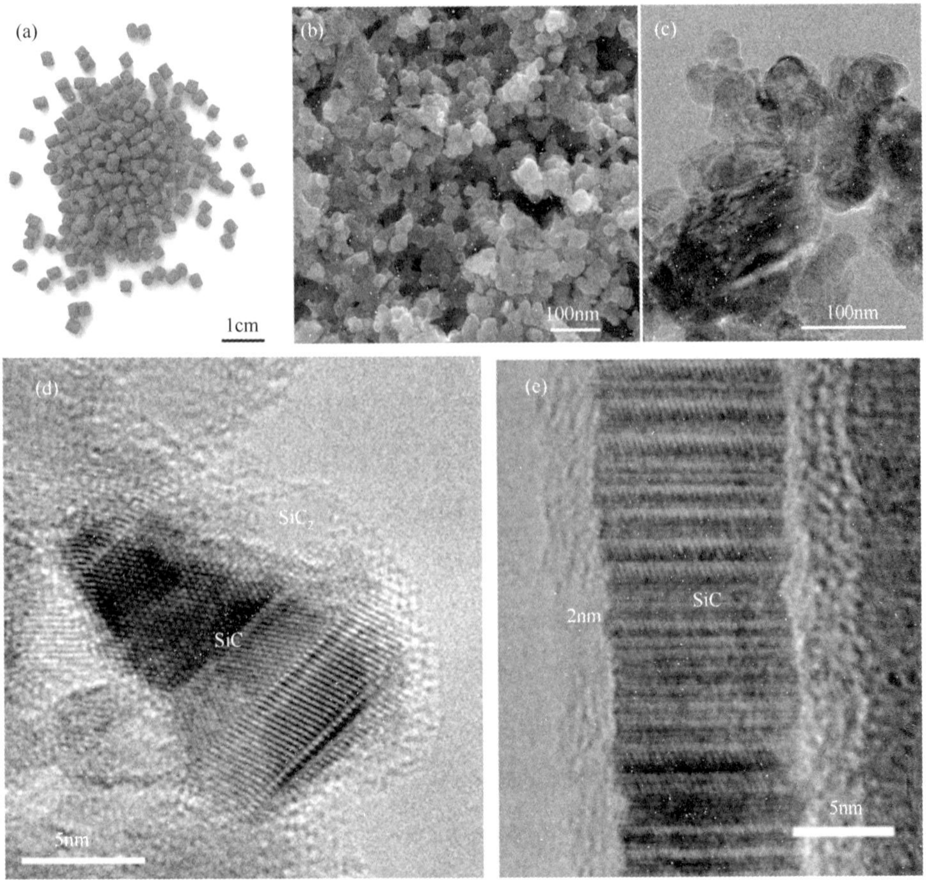

图 8-16 (a)原始 SiC 载体的数字照片，(b)SiC 的 SEM 显微照片，显示了载体的高度多孔的结构，(c)至(e)SiC 的代表性 TEM 和高分辨率 TEM 显微照片，沿[111]方向具有堆垛的层错，并覆盖有 SiO_xC_y/SiO_2 的薄的亲水钝化层(平均厚度约为 2nm)

图 8-16(b)和(c)中的 SEM 和 TEM 显微照片证明了 SiC 载体的高度多孔的结构，其由可形成材料基体的相互聚集的小颗粒所组成。图 8-16(d)中所示的 TEM 显微照片突出显示了 SiC 的微观结构，其部分表面被具有非晶结构的氧化相薄层(SiO_xC_y/SiO_2)所覆盖。图 8-16(e)中所示的高分辨率 TEM 显微照片则清楚地证明了沿着 SiC 材料的[111]方向生长轴所存在的堆垛的层错以及在其最上表

面的 SiO_xC_y/SiO_2非晶结构层。

SiC 表面上存在的 SiO_xC_y/SiO_2薄层将有利于 NMC 层在 SiC 载体上的锚定，其能够提供用于与 NMC 前驱体进行相互作用的含氧官能团。事实上，SiO_xC_y/SiO_2层相对较薄，即 3~5nm，这并不会改变 SiC 陶瓷载体固有的热导率，而只是起到了对于所沉积的氮掺杂碳层的锚定的作用。先前的研究结果表明，与其他绝热体材料相比，SiC 载体由于其中等的导热性而显著改善了通过催化剂床层的热量传递。

8.4.3 在 SiC 上所涂覆的氮掺杂的介孔碳层

尽管 NMC 相的负载量相对较低[约 5%(质量分数)]，但是 NMC/SiC 的比表面积(SSA)与原始 SiC 载体相比得到了显著的增加，例如 $54m^2 \cdot g^{-1}$ 比 $24m^2 \cdot g^{-1}$，根据之前的研究报道，这可能归因于 NMC 相的微孔和介孔特性。用 NMC 层涂覆的 SiC 材料也显著地改变了最终复合材料的孔径分布，其中小的介孔具有以 2.0±0.5nm 为中心的平均孔径分布。同时根据实验结果，氮掺杂碳层的引入显著地改变了最终复合材料的总体的孔隙率。关于这种催化剂特性的详细描述可在之前的研究报道中找到。

通过 NMC 层涂覆 SiC 载体也增加了该复合材料整体的导电性。测量到原始 SiC 挤出物的平均电阻为 2000kΩ，而对于 NMC/SiC，电阻值急剧下降至 12kΩ，表明其电导率有了很大的提高。这些结果证实了表面 NMC 涂层和本体载体之间在与磁场的相互作用方面的巨大差异，以及由此产生的相应的表面温度的巨大不同。

NMC/SiC 催化剂的 HR-TEM 图像如图 8-17(a)和(b)所示，NMC 的无定形的特性在 SiC 载体的表面上清晰可见。这种无定形的多孔氮掺杂碳层有望为反应物提供具有丰富活性位点的大的表面积，从而显著地提高催化反应的性能。还可以预期的是，该碳层还可以参与整个催化剂本体的热量传递，从而降低催化剂床层内局部热点的形成，而这些局部热点对催化反应的选择性是有害的。根据实验结果，NMC 层均匀地涂覆在作为载体的 SiC 基体的表面上，平均厚度约为(10±22) nm。NMC/SiC 催化剂的 HAADF-STEM 和 EELS 映射图像[图 8-17(c)至(f)]中所

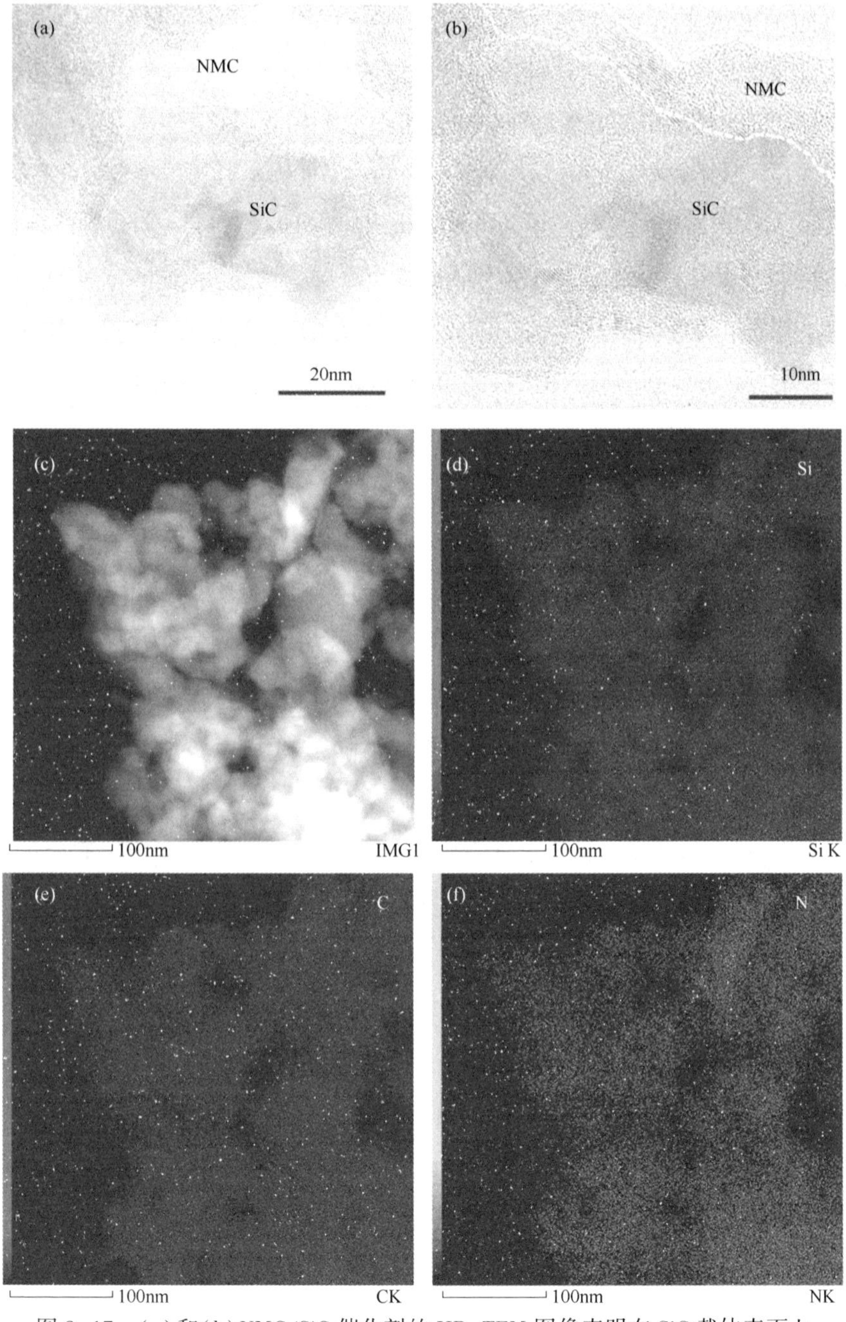

图 8-17 (a)和(b)NMC/SiC 催化剂的 HR-TEM 图像表明在 SiC 载体表面上存在均匀且薄的 NMC 层，(c)至(f)HAADF-STEM 和 EELS 映射图像(Si、C 和 N 元素)显示了 NMC 层对 SiC 载体的覆盖

显示出的 Si 和 N 的元素信号之间的高度重叠，清楚地证实了氮掺杂的中孔碳层在 SiC 表面上的均匀涂覆。这种薄的涂层能够显示出反应物对整个催化活性相的高可及性，而传统的负载型催化剂却并非如此，其中的一些活性位点不可避免地位于载体的孔内且距离很远的地方，由此反应物将不能完全可及，导致催化剂的本征活性有限。NMC 涂层的均匀性还通过对催化剂的几个区域进行统计 STEM-EELS 分析(未显示)来研究，表征结果证实了载体表面涂层的均匀度。同时值得注意的是，由于涂层的厚度极低，高分辨率的 TEM 是允许获得此类涂层信息的唯一技术。

原始的 SiC 载体和涂有 NMC 层的载体的 TGA 结果如图 8-18(a)和(b)所示。原始 SiC 显示出在约 692℃的温度下约 3.2%(质量分数)的轻微的重量损失，这可能归因于该材料内一些残余碳的燃烧[图 8-18(a)]。在高于 700℃的温度下，部分的 SiC 转化为 SiO_2，导致该材料的重量逐渐增加。具有 NMC 涂层的 SiC 样品在较低的温度下显示出重量损失，即 612℃对比 692℃，如图 8-18(b)中的 TGA 结果所示。通过两个样品的重量损失之间的差异能够计算出 NMC 涂层的负载量约为 5%(质量分数)。

通过 XPS 分析了 SiC 和 NMC/SiC 材料的表面化学成分，结果如图 8-18(c)和(d)所示。根据 XPS 中 Si 2p 的表征结果[图 8-18(c)]，SiC 表面由多种 Si 物种组成，这可以归因于 SiC 和 SiO_xC_y/SiO_2层涂覆的 SiC 的混合物的存在。而根据高分辨率的 N 1s 光谱表征结果，在 NMC/SiC 样品上可观察到多种氮物种的存在，例如吡啶、吡咯、季氮和氧化的氮物种等[图 8-18(d)]。

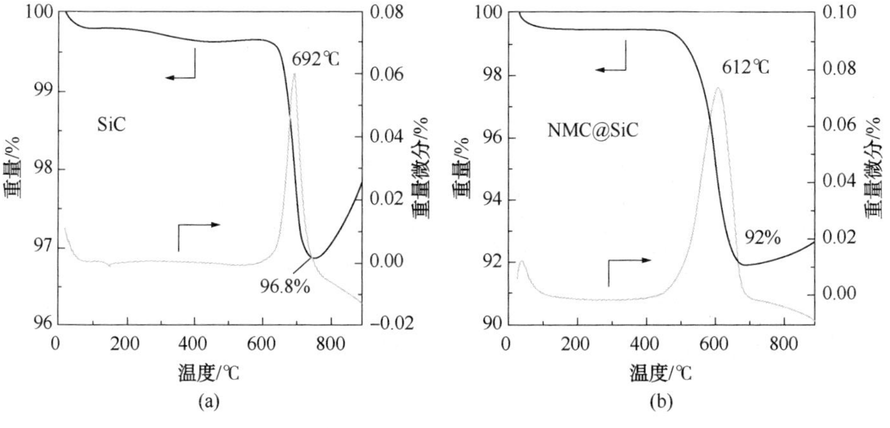

图 8-18 (a)SiC 和(b)NMC/SiC 样品在空气气流中的 TGA 曲线，(c)和(d)NMC/SiC 样品的高分辨率 XPS Si 2p 和 N 1s 光谱图

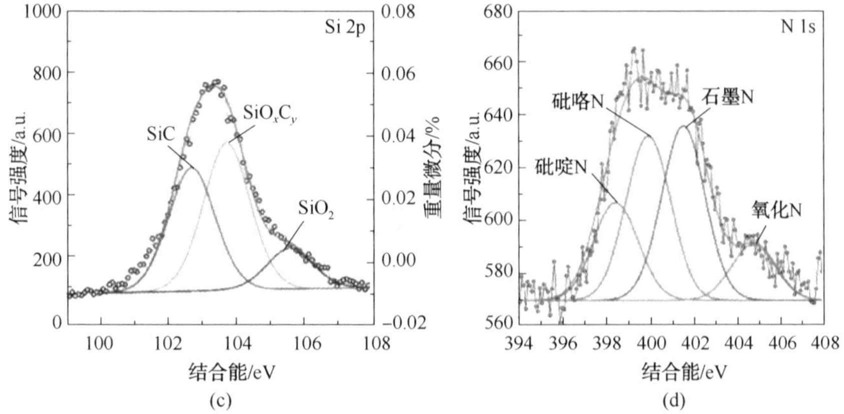

图 8-18 (a)SiC 和(b)NMC/SiC 样品在空气气流中的 TGA 曲线，(c)和(d)NMC/SiC 样品的高分辨率 XPS Si 2p 和 N 1s 光谱图(续)

8.4.4 H_2S 选择性氧化反应

1. 反应气体空速的影响

在大多数催化过程中，催化剂每单位时间转化大量反应物的能力是一个主要的参考因素，因为它将能够根据给定的工厂的生产能力调来节反应器的大小。然而，催化性能受到反应物气体体积空速的强烈影响，因为这会缩短催化反应的接触时间，从而影响反应的性能，并通过固体与气体的交换来增加反应的排热速率，从而降低催化剂的表面温度，进而降低其催化性能。以下将研究催化剂的加热模式对脱硫反应性能的稳定性的影响，以 H_2S 转化率和 SO_2 选择性表示并作为反应物气体体积空速(GHSV)的函数，结果如图 8-19 所示。使用裸露的 SiC 载体(未显示)进行的空白反应实验证实了该载体在不同的温度下对脱硫反应过程完全不起催化作用。

在传统的焦耳加热(Joule heating，JH)模式下，由于体积空速(gas hourly space velocity，GHSV)的增加，加热电炉的热惯性无法实现催化剂床层内的实时温度的补偿，这将导致催化剂反应性能的净下降，尽管根据返回测试并没有观察到不可逆的失活现象[图 8-19(a)]。但在事实上，在 JH 模式下，将 GHSV 从 $2400h^{-1}$ 增加到 $3000h^{-1}$，将导致 H_2S 转化率的显著降低，从 98%降低到 70%，而

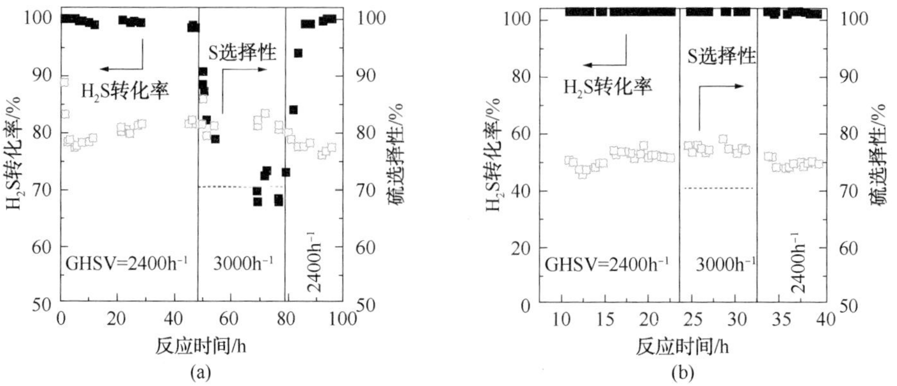

图 8-19 NMC/SiC 在(a)JH 和(b)IH 模式下的脱硫反应性能。反应条件：[H_2S] = 1vol%，[O_2] = 2.5vol%，[H_2O] = 30vol%，O_2/H_2S 比为 2.5，He 作为平衡气，6.0g NMC/SiC 催化剂($V_{催化剂}\approx 7.5cm^3$)，反应温度为 210℃

硫的选择性却并没有显示出明显的变化。如 Xu 及其同事所报道的，在掺杂不同杂原子(如 N 和 P)的整体式碳催化剂上也有类似的研究结果。然而，可以预料的是，电磁感应加热(induction heating，IH)可以是在高反应物气体速度下进行反应操作的加热模式的选择，因为催化剂的表面反应温度可以通过电磁感应器恒定且快速地进行调节(只有当催化剂被加热是在催化剂的温度被直接地反馈到电磁感应加热装置的情况下)，电磁感应加热的加热速率可以高达每分钟几百度。在 $2400h^{-1}$下获得的结果清楚地表明，在 IH 模式下操作的 NMC/SiC 催化剂上的脱硫反应性能得到了更好的保持[图 8-19(b)，左边部分]。为了验证这种催化剂的反应性能的改善，将脱硫反应在更高的体积空速下进行，即 $3600h^{-1}$ 而不是 $2400h^{-1}$，实验结果如图 8-19(b)的中心部分所示。与在 JH 下获得的反应测试结果不同，在 IH 模式下进行的 NMC/SiC 催化剂的脱硫的转化率能够保持在几乎 100%，即使在更高的 GHSV 条件下也是如此，同时硫的选择性则略有提高。在将 GHSV 返回到 $2400h^{-1}$的返回实验中脱硫性能得到了完全的恢复，由此证实了在 JH 模式下运行的催化剂在不同的 GHSV 下并没有发生失活现象。这里获得的实验结果更加明确地突出了 IH 模式在高体积空速下在 NMC/SiC 催化剂上进行催化反应过程操作的优越性。

所获得的实验结果可以讨论如下：能够预料到的是在IH模式调节下，催化剂表面的温度变化，连带着引起更高气固热交换的气体反应物流速的增加，能够通过加热来进行快速的调节，因此，反应温度和脱硫反应的性能能够被很好地维持。最近Malhotra等人对在选择性和局部的微波加热下所运行的催化反应器内的热行为进行了研究，报告也显示了反应物气体流速对催化剂表面温度的影响的相似实验结果。根据模拟结果，在微波加热下，反应物气体流速对催化剂的温度几乎没有影响，因为只有具有高响应加热速率的催化剂能够被加热，而进入催化剂床层的反应物气相仍然保持着冷的状态。反应气体一进入保持在反应温度的催化剂床层，就通过快速的气固热交换将气体加热到反应温度，然后反应开始进行。然而，类似于JH中所有反应器的长度都被加热到相同的温度的使用间接的边界加热的相同模拟，揭示了气相速度至少在催化剂床层的入口处所引起的催化剂温度的显著变化。事实上，在固定在100sccm的气体速度下，催化剂的温度相对于设定的温度保持不变，而在1000sccm的气速下，在催化剂的入口部分将观察到温度的大幅度下降，大约低于设定的温度300K，由于高流量的气体无法被有效地加热以及将发生更多的气体与固体的温度交换，所以反应器入口部分的温度将得到降低。在传统的热催化下，催化剂床层首要部分的温度损失是由于非直接的边界加热而无法维持具有低热惯性的催化剂的温度。值得注意的是，在间接的焦耳加热模式下，在反应物的高气体空间速度下的热传递问题不仅发生在实验室设备中，而且也可能存在于实际的工业工厂中，其中高气体流速的热管理仍然是最需要解决的问题。

作为部分总结，可以得出如下结论，使用电磁感应技术的直接定向加热使在反应动力学的极限下进行催化反应过程的操作成为可能，这主要归功于催化剂床层内部极高的热量生成及其在整个反应过程中的维持。此外，这种加热方式可以使用可再生的能源进行操作，与传统的燃气燃烧加热器相比，这也有助于减少该加热过程的碳足迹。

2. 反应温度的影响

反应温度是影响催化反应性能的另一个重要参数，因此本节将详细研究反应温度对催化剂性能的影响。考虑到上一节中催化剂的高稳定性，本研究在不同的反应条件下使用了同一批催化剂，以便尽可能减少通过在每个实验条件下使用不同的催化剂所造成的人为误差。在常规焦耳加热(JH)和电磁感应加热(IH)的条件下，对 NMC/SiC 催化剂的脱硫反应性能进行了全面研究，实验结果如图 8-20 所示。在 210℃ 的反应温度下，具有 NMC 涂层的催化剂的脱硫反应性能包括 H_2S 转化率和硫选择性在两种加热过程中都随反应运行时间保持稳定。这些实验结果证实了氮掺杂物种对脱硫反应过程的高性能。在 210℃ 的反应温度下，催化剂显示出类似的脱硫性能，而 JH 模式下的硫的选择性高于 IH 模式下的，例如 82%对 70%。降低反应温度对 JH 模式下运行的催化剂的脱硫性能影响更大。事实上，在 190℃ 的反应温度下，在 IH 模式下，H_2S 的转化率几乎为 100%，而在 JH 模式下则下降至约 87%，这表明在 IH 操作模式下进行反应的 NMC 催化剂具有更好的脱硫性能。将反应温度从 190℃ 进一步降低到 180℃ 则会导致 H_2S 的转化率的差异更大。事实上，在 180℃ 下，IH 模式下的 H_2S 的转化率保持在 96%的高水平，而在 JH 模式下，其转化率则下降至约 75%。两种加热模式下的催化剂在返回实验期间都恢复到 210℃(未显示)的初始的脱硫性能，这证实了该催化剂的高稳定性，这和前一节所述相同。然而，IH 模式再次导致了较低的硫的选择性，这可能归因于中间产物的硫物种和一些局部热点上的过量氧气之间的二次副反应(见下文讨论)。在 IH 模式下操作的 NMC/SiC 催化剂上观察到的相对低的硫选择性，即使在相对低的反应温度下，也可以通过如下的事实来解释，即在两个催化剂的颗粒之间的接触点处可能出现一些局部热点，这可能是过氧化反应产生 SO_2 的来源之处，特别是在存在过量氧气的情况下。Khattak 和 Haneishi 等人报道，在微波加热过程中，由于在两个碳化硅球的接触点处存在着更高浓度的电磁场，因此可能会在这些接触点处出现热点。图 8-20(b)显示了在较低的反应温度下，在 IH 模式下的硫的选择性略有提高，并接近在 JH 模式下在 190℃ 下运行的 NMC/SiC 催化剂的硫选择性。这些实验结果部分证实了在 IH 模式下运行操作的 NMC/SiC 催化剂上存在更高的表面温度，如前所述。因此，NMC/SiC 催化剂在 IH 模式下如此高的微观局部表面温度可以用来解释该催化剂的脱硫性能高于其在 JH 模式下所观察到的脱硫性能。

正如 Chaudret 及其同事之前在析氧反应和加氢脱氧过程中所报道的那样，这种局部的高温可以在不改变整个催化剂宏观温度的情况下运行。事实上，该作者

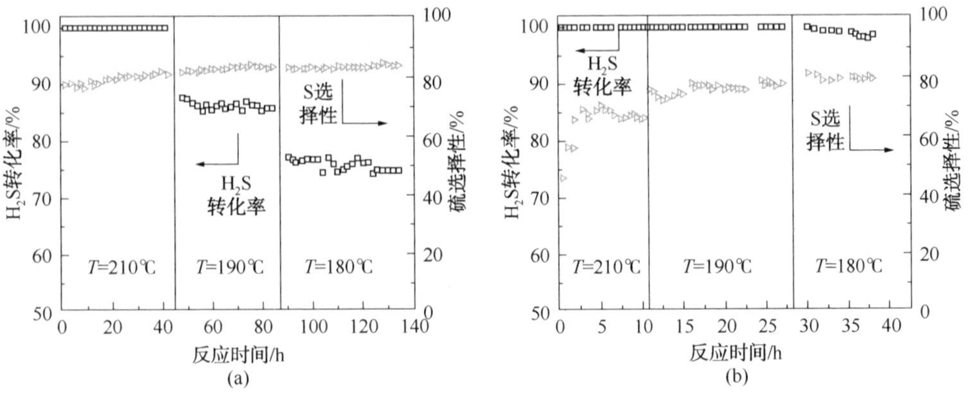

图 8-20 NMC/SiC 催化剂在(a)JH 模式和(b)IH 模式下的脱硫反应性能。反应条件：$[H_2S]=1vol\%$，$[O_2]=2.5vol\%$，$[H_2O]=30vol\%$，He 作为平衡气，O_2/H_2S 比为 2.5，6.0g NMC/SiC 催化剂($V_{催化剂}\approx 7.5cm^3$)和 $2400h^{-1}$ 的体积空速 GHSV

通过过度加热纳米催化剂(FeNi 纳米颗粒)的表面来实现高的催化性能，这会导致局部温度的升高，远高于反应所发生于其中的溶剂的沸点。在这种局部高温下所产生的热量会迅速地消散到整个催化剂基体中，并且尽管宏观测量的反应条件相对温和，但催化反应还是能够得以完成。

在 180℃下观察到的 H_2S 转化率的下降可能归因于在该低反应温度下催化剂表面上的一些硫沉积，这些沉积物阻碍了反应物进入催化剂的活性位点。由此进行了 180℃反应后废催化剂的 SEM 表征。SEM 的显微照片(如图 8-21 所示)进一步表明了使用后催化剂表面所存在的硫颗粒。然而，可以预计的是 SEM 表征分析无法准确地检测到一些较小的硫颗粒的存在，而这些颗粒将可能会部分地堵塞催化剂的孔入口。

3. O_2/H_2S 比例对脱硫反应性能的影响

在 IH 模式和 JH 模式下，在不同的 O_2/H_2S 比例下进一步评估了该催化剂的脱硫性能(图 8-22)。O_2/H_2S 比为 0.63 时获得的脱硫性能与 GHSV 为 $2400h^{-1}$ 和 210℃时 O_2/H_2S 比为 2.5 时获得的反应性能相当。这些实验结果再次表明，与传统的铁基二氧化硅催化剂相比，无论加热模式如何，非金属的 NMC 催化剂都具有较高的反应稳定性，这与之前的文献中所报道的一样。铁基催化剂通常表现出

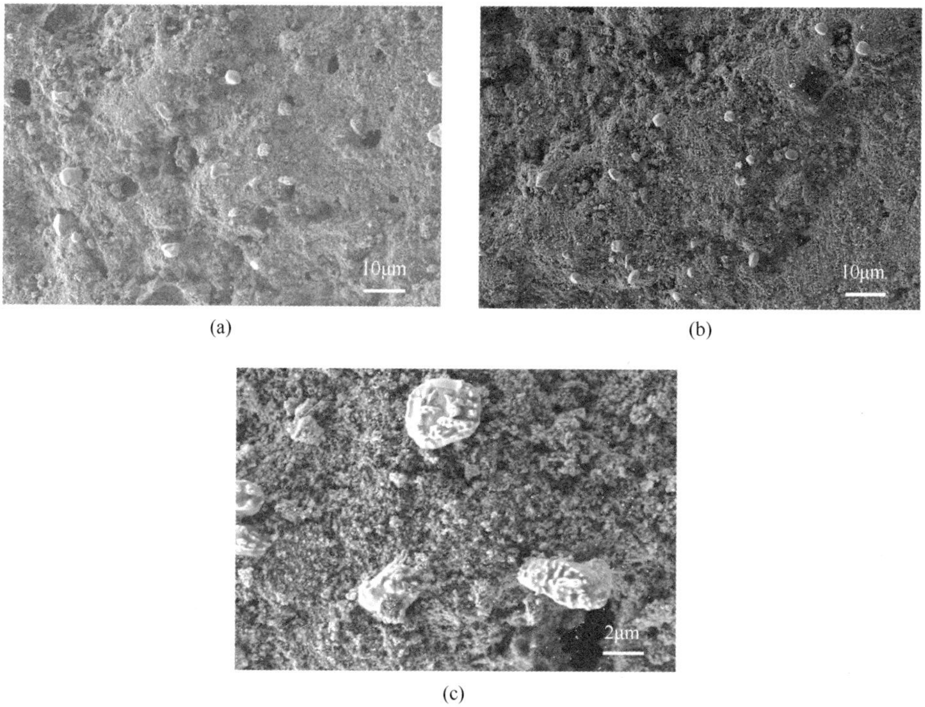

图 8-21 (a)和(b)在 IH 模式 180℃下进行 24h 的脱硫反应实验后所使用过的 NMC/SiC 催化剂的 SEM 显微照片显示该样品上存在一些大的离散的硫颗粒，(c)具有圆形形态的硫颗粒的高分辨率 SEM 显微照片

随着 O_2/H_2S 比率的波动而发生的明显的失活，因为该催化剂形成了具有较低的固有脱硫活性的硫化铁。硫的选择性在 O_2/H_2S 比为 0.63 时达到最高值，这归因于副反应($S+O_2\rightarrow SO_2$)的自抑制，因为在反应气原料中的氧气浓度较低，因此催化剂表面上可用于进行过氧化反应过程的氧物种也较低。事实上，在这种反应条件下，硫的选择性直接由活性位点附近的氧物种的可用性来进行控制，而不是由催化剂的表面温度来控制，正如在上述实验中所观察到的一样。在 O_2 与 H_2S 之比大于 0.63 的 IH 模式下，硫的选择性略低，而在化学计量比之下，硫的选择性将逐渐接近于 JH 模式下所获得的硫的选择性。在化学计量条件下，IH 模式下的 H_2S 的转化率将保持在略高于 JH 模式下的反应值，这可以再次通过 IH 下催化剂的更好的温度管理来解释。

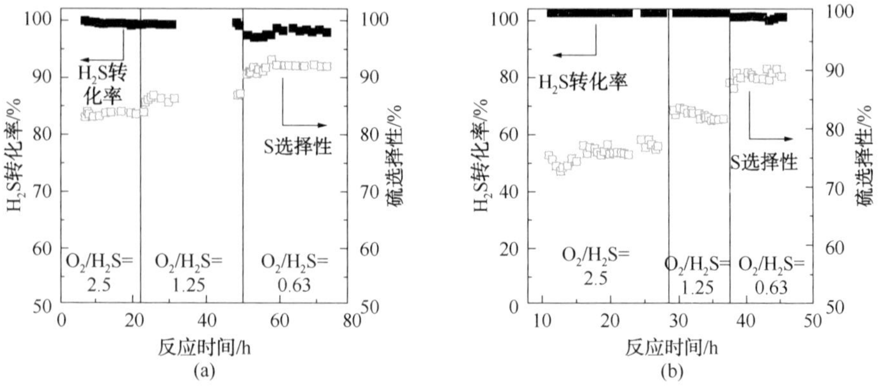

图 8-22　NMC/SiC 在(a)JH 模式和(b)IH 模式下的脱硫反应性能。反应条件：[H_2S]=1%(体积分数)，[H_2O]=30%(体积分数)，He 作为平衡气，6.0g NMC/SiC($V_{催化剂}$≈7.5cm^3)，反应温度 210℃和 2400h^{-1}的 GHSV

4. NMC/SiC 催化剂的长时稳定性实验

对于工业化应用，对失活的抵抗力是催化剂最重要的参数之一，因为它决定了催化剂的反应持续时间，从经济和环境的角度来看，这将对该反应过程产生重大影响。由此对催化剂进行了长时间的反应测试评估，反应条件为 190℃的低温和 2400h^{-1}的高空速(如图 8-23 所示)。实验结果清楚地表明催化剂在苛刻的反应条件下具有较高的稳定性。这可能是由于以下特性的结合：碳基质中所掺入的氮掺杂位点的高稳定性与沿载体表面的高导热性，允许在催化剂床内以均匀的方式进行热传递的 SiC 载体的高导热率和化学惰性，以及 IH 模式下快速有效且定向的加热。在之前的研究文献中，氮掺杂的碳位点的这种高稳定性已经被广泛地报道，其可被用作在非直接焦耳加热下不同反应过程的非金属催化剂，例如酸性气体的脱硫(在更高的反应温度下)和乙苯的脱氢。在 190℃和 2400h^{-1}下所观察到的催化剂的轻微失活，即反应约 80h 后，H_2S 转化率从 100%降到 98%，可归因于较高的硫形成速率，导致其不能有效地从催化剂的表面被去除，从而逐渐阻碍反应物进入催化剂中的活性位点。这种轻微失活的催化剂可以通过在 300℃的惰性气体下对废催化剂进行短时间的热处理以蒸发其固体的硫沉积物从而被容易地回收。

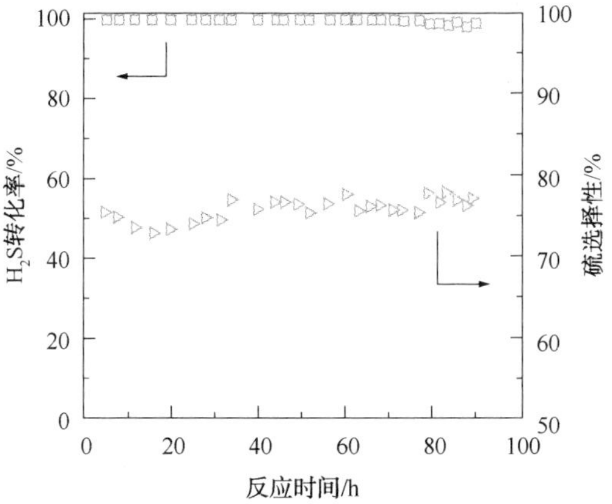

图 8-23　NMC/SiC 在 IH 模式下运行的长时脱硫反应实验。反应条件：[H_2S] = 1%（体积分数），[O_2] = 2.5%（体积分数），O_2/H_2S 比为 2.5，[H_2O] = 30%（体积分数），He 作为平衡气，6.0g NMC/SiC 催化剂（$V_{催化剂} \approx 7.5cm^3$），反应温度为 190℃，GHSV 为 $2400h^{-1}$

对长时反应后使用过的 NMC/SiC 催化剂的物理特性进行了表征分析，如 SSA 和孔径分布，并将其与原始的催化剂的物理特征进行了比较：原始催化剂的 SSA 为 $54m^2g^{-1}$，而使用过的催化剂则为 $14m^2g^{-1}$。如前一节所述，使用后催化剂 SSA 的损失可部分归因于固体硫的沉积。SSA 的降低还伴随着小孔的消失，即 2nm 的孔以及分布中心在(8.0±1)nm 左右的中孔。使用后催化剂的 XPS 的表征分析揭示了 S 1s 峰的存在，这证实了反应过程中沉积在催化剂表面的一些固体硫物种的存在(如图 8-24 所示)。可以预测的是这样的硫沉积物可能部分地阻碍了反应物气体进入催化剂中的活性位点。然而，值得注意的是，长时反应是在剧烈的反应条件下进行的，即较低的反应温度(有利于硫物种的沉积)和较高的反应气体体积空速，因此，为了避免这种轻微的失活现象的发生，该脱硫反应过程应该在更高的反应温度下进行，以避免残留的硫沉积。值得注意的是，尽管催化剂的比表面积 SSA 发生了显著的降低，但其脱硫活性仍然非常的稳定，这证实了层状 NMC/SiC 催化剂的高反应性能。

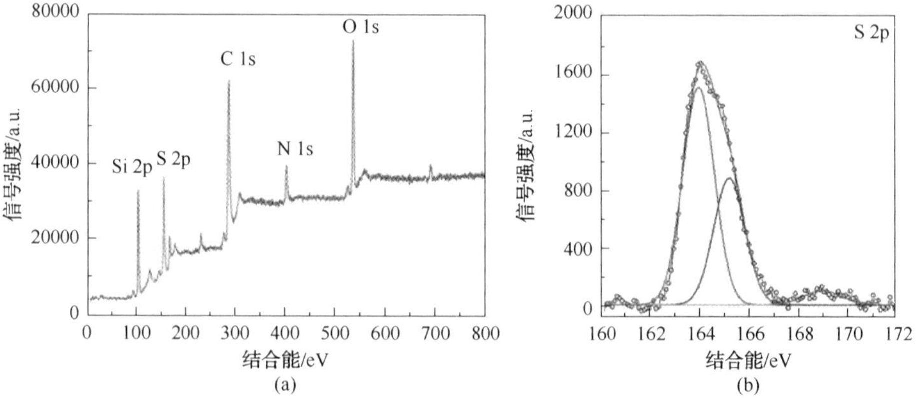

图 8-24 使用后催化剂的 XPS 表征及其 S 2p 光谱显示其表面存在着硫的沉积物

参 考 文 献

[1] XIONG G W, JIA J, ZHAO L L, et al. Non - thermal radiation heating synthesis of nanomaterials[J]. Science Bulletin, 2021, 66(4): 386-406.

[2] VINUM M G, ALMIND M R, ENGBÆK J S, et al. Dual-function cobalt-nickel nanoparticles tailored for high-temperature induction-heated steam methane reforming[J]. Angewandte Chemie International Edition, 2018, 57(33): 10569-10573.

[3] MASI D D, ASENSIO J M, FAZZINI P F, et al. Engineering iron-nickel nanoparticles for magnetically induced CO_2 methanation in continuous flow[J]. Angewandte Chemie International Edition, 2020, 59(15): 6187-6191.

[4] MOHANTY A, VIET C D, ROGER A C, et al. Structural impact of carbon nanofibers/few-layer-graphene substrate decorated with Ni for CO_2 methanation via inductive heating[J]. Applied Catalysis B: Environmental, 2021, 298: 120589-120601.

[5] DUONG-VIET C, TRUONG-PHUOC L, ROMERO T, et al. Low-temperature synthesis of carbon nanofibers/graphite felt composites under contactless induction heating[J]. Revista de Chimie, 2023, 74(3): 47-65.

[6] WANG W, DUONG-VIET C, XU Z X, et al. CO_2 methanation under dynamic operational mode using nickel nanoparticles decorated carbon felt(Ni/OCF) combined with inductive heating [J]. Catalysis Today, 2020, 357: 214-220.

[7] TRUONG-PHUOC L, DUONG-VIET C, TUCI G, et al. Graphite felt-sandwiched Ni/SiC catalysts for the induction versus Joule-heated Sabatier reaction: Assessing the catalyst temperature at the nanoscale[J]. ACS Sustainable Chemistry & Engineering, 2022, 10(1): 622-632.

[8] WANG W, TUCI G, DUONG-VIET C, et al. Induction heating: An enabling technology for the heat management in catalytic processes[J]. ACS Catalysis, 2019, 9(9): 7921-7935.

[9] SOSNOWCHIK B D, LIN L W, ENGLANDER O. Localized heating induced chemical vapor deposition for one-dimensional nanostructure synthesis[J]. Journal of Applied Physics, 2010, 107(5): 051101.

[10] WEHINGER G D. Improving the radial heat transport and heat distribution in catalytic gas-solid reactors[J]. Chemical Engineering and Processing-Process Intensification, 2022, 177: 108996.

[11] AASBERG-PETERSEN K, HANSENJ H B, CHRISTENSEN T S, et al. Technologies for large-scale gas conversion[J]. Applied Catalysis A: General, 2001, 221(1/2): 379-387.

[12] KIRSCHNING A, KUPRACZ L, HARTWIG J. New synthetic opportunities in miniaturized flow reactors with inductive heating[J]. Chemistry Letters, 2012, 41(6): 562-570.

[13] BENKOWSKY G. Induktionserwärmung: Härten, Glühen, Schmelzen, Löten, Schweißen (Induction heating: hardening, annealing, melting, soldering and bracing, welding) 5th ed. [M]. Verlag Technik, Berlin, 1990.

[14] SOSNOWCHIK B D, LIN L W. Rapid synthesis of carbon nanotubes via inductive heating[J]. Applied Physics Letters, 2006, 89(19): 193112.

[15] LI Z J, ZHAO B, LIU P, et al. Synthesis of high-quality single-walled carbon nanotubes by high-frequency-induction heating[J]. Physica E: Low-dimensional Systems and Nanostructures, 2008, 40(3): 452-456.

[16] PINER R, LI H F, KONG X H, et al. Graphene synthesis via magnetic inductive heating of copper substrates[J]. ACS Nano, 2013, 7: 7495-7499.

[17] WU C X, LI F S, CHEN W, et al. Electromagnetic induction heating for single crystal graphene growth: morphology control by rapid heating and quenching[J]. Scientific Reports, 2015, 5(1): 9034.

[18] LUPU D, BIRIŞ A R, JIANU A, et al. Carbon nanostructures produced by CCVD with induction heating[J]. Carbon, 2004, 42(3): 503-507.

[19] VINUM M G, ALMIND M R, ENGBÆK J S, et al. Dual-function cobalt-nickel nanoparticles tailored for high-temperature induction-heated steam methane reforming[J]. Angewandte

Chemie International Edition, 2018, 57(33): 10569-10573.

[20] MULEY P D, HENKEL C, ABDOLLAHI K K, et al. Pyrolysis and catalytic upgrading of pinewood sawdust using an induction heating reactor[J]. Energy & Fuels, 2015, 29(11): 7375-7385.

[21] BORDET A, LACROIX L M, FAZZINI P F, et al. Magnetically induced continuous CO_2 hydrogenation using composite iron carbide nanoparticles of exceptionally high heating power[J]. Angewandte Chemie International Edition, 2016, 55(51): 15894-15898.

[22] LIU Y W, GAO P Z, CHERKASOV N, et al. Direct amide synthesis over core-shell TiO_2@$NiFe_2O_4$ catalysts in a continuous flow radiofrequency-heated reactor[J]. RSC Advances, 2016, 6(103): 100997-101007.

[23] HOULDING T K, REBROV E V. Application of alternative energy forms in catalytic reactor engineering[J]. Green Processing and Synthesis, 2012, 1(1): 19-31.

[24] MUSTIELES M I, de MASI D, LACROIX L M, et al. Hydrodeoxygenation and hydrogenolysis of biomass-based materials using FeNi catalysts and magnetic induction[J]. Green Chemistry, 2021, 23(5): 2025-2036.

[25] GARCÍA-AGUILAR J, FERNÁNDEZ-GARCÍA J, REBROV E V, et al. Magnetic zeolites: Novel nanoreactors through radiofrequency heating[J]. Chemical Communications, 2017, 53(30): 4262-4265.

[26] VARSANO F, BELLUSCI M, LA BARBERA A, et al. Dry reforming of methane powered by magnetic induction[J]. International Journal of Hydrogen Energy, 2019, 44(38): 21037-21044.

[27] WU L, MA H M, YAN Z J, et al. Improving catalyst performance of Ni-CaO-C to enhance H_2 production from biomass steam gasification through induction heating technology[J]. Energy Conversion and Management, 2022, 270: 116242.

[28] NGUYEN H M, PHAN C M, LIU S M, et al. Radio-frequency induction heating powered low-temperature catalytic CO_2 conversion via bi-reforming of methane[J]. Chemical Engineering Journal, 2022, 430(Part 4): 132934.

[29] YU Z X, CHEN D, TΦTDAL B, et al. Effect of support and reactant on the yield and structure of carbon growth by chemical vapor deposition[J]. The Journal of Physical Chemistry B, 2005, 109: 6096-6102.

[30] ANDERSON P E, RODRIGUEZ N M. Growth of graphite nanofibers from the decomposition of

CO/H_2 over silica-supported iron-nickel particles[J]. Journal of Materials Research, 1999, 14(7): 2912-2921.

[31] PHAM-HUU C, VIEIRA R, LOUIS B, et al. About the octopus-like growth mechanism of carbon nanofibers over graphite supported nickel catalyst[J]. Journal of Catalysis, 2006, 240(2): 194-202.

[32] VIEIRA R, LEDOUX M J, PHAM - HUU C. Synthesis and characterisation of carbon nanofibres with macroscopic shaping formed by catalytic decomposition of C_2H_6/H_2 over nickel catalyst[J]. Applied Catalysis A: General, 2004, 274(1/2): 1-8.

[33] WANG W, DUONG-VIET C, TRUONG-PHUOC L, et al. Activated carbon supported nickel catalyst for selective CO_2 hydrogenation to synthetic methane under contactless induction heating[J]. Catalysis Today, 2023, 418: 114073.

[34] MUNOZ M, NIETO-SANDOVAL J, SERRANO E, et al. CWPO intensification by induction heating using magnetite as catalyst[J]. Journal of Environmental Chemical Engineering, 2020, 8(5): 104085.

[35] LIN S H, HETABA W, CHAUDRET B, et al. Copper-decorated iron carbide nanoparticles heated by magnetic induction as adaptive multifunctional catalysts for the selective hydrodeoxygenation of aldehydes[J]. Advanced Energy Materials, 2022, 12(42): 2201783.

[36] WANG W, DUONG-VIET C, TRUONG-PHUOC L, et al. Improving catalytic performance via induction heating: selective oxidation of H_2S on a nitrogen-doped carbon catalyst as a model reaction[J]. New Journal of Chemistry, 2023, 47(3): 1105-1116.

[37] LIANG Q, GAO L Z, LI Q, et al. Carbon nanotube growth on Ni-particles prepared in situ by reduction of La_2NiO_4[J]. Carbon, 2001, 39: 897-903.

[38] SATO S, KAWABATA A, NIHEI M, et al. Growth of diameter-controlled carbon nanotubes using monodisperse nickel nanoparticles obtained with a differential mobility analyzer[J]. Chemical Physics Letters, 2003, 382(3/4): 361-366.

[39] JULIAN I, RAMIREZ H, HUESO J L, et al. Non - oxidative methane conversion in microwave - assisted structured reactors [J]. Chemical Engineering Journal, 2019, 377: 119764.

[40] LIU B., LIU L. R., LIU X. J., et al. Variation of crystal structure in nickel nanoparticles filled in carbon nanotubes[J]. Materials Science and Technology, 2014, 28(11): 1345-1348.

[41] LIN Y R, HO C Y, CHUANG W T, et al. Swelling of ion-irradiated 3C-SiC characterized by synchrotron radiation based XRD and TEM[J]. Journal of Nuclear Materials, 2014, 455(1-3): 292-296.

[42] TUCI G L, LIU Y F, ROSSIN A D, et al. Pham Charlotte, Giambastiani Giuliano, Pham-Huu Cuong, Porous Silicon Carbide(SiC): A Chance for Improving Catalysts or Just Another Active-Phase Carrier? [J]. Chemical Reviews, 2021, 121(17): 10559-10665.

[43] CHEN D. X., PASCU O., ROIG A., et al. Size analysis and magnetic structure of nickel nanoparticles[J]. Journal of Magnetism and Magnetic Materials, 2010, 322(24): 3834-3840.

[44] HE X M, ZHONG W, AU C T, et al. Size dependence of the magnetic properties of Ni nanoparticles prepared by thermal decomposition method[J]. Nanoscale Research Letters, 2013, 8: 446.

[45] XU Z X, DUONG-VIET C, BA H, et al. Gaseous nitric acid activated graphite felts as hierarchical metal-free catalyst for selective oxidation of H_2S[J]. Catalysts, 2018, 8: 145-162.

[46] AZADI POOYA, FARNOOD RAMIN, MEIER EMANUEL. Preparation of multiwalled carbon nanotube-supported nickel catalysts using incipient wetness method[J]. The Journal of Physical Chemistry A, 2010, 114: 3962-3968.

[47] LUO J J, WEI H, LIU Y F, et al. Oxygenated group and structural defect enriched carbon nanotubes for immobilizing gold nanoparticles[J]. Chemical Communications, 2017, 53(95): 12750-12753.

[48] SING K S W, EVERETT D H, HAUL R A W, et al. Reporting physisorption data for gas/solid systems with special reference to the determination of surface area and porosity[J]. Pure and Applied Chemistry, 1985, 7(4): 603-619.

[49] STANGELAND KRISTIAN, KALAI DORI YOSEF, LI HAILONG, et al. Active and stable Ni based catalysts and processes for biogas upgrading: The effect of temperature and initial methane concentration on CO_2 methanation[J]. Applied Energy, 2018, 227: 206-212.

[50] GAO J J, WANG Y L, PING Y, et al. A thermodynamic analysis of methanation reactions of carbon oxides for the production of synthetic natural gas[J]. RSC Advances, 2012, 2(6): 2358-2368.

[51] KOSCHANY FRANZ, SCHLERETH DAVID, HINRICHSEN OLAF. On the kinetics of the methanation of carbon dioxide on coprecipitated NiAl(O)[J]. Applied Catalysis B: Environ-

mental, 2016, 181: 504-516.

[52] YAMAGUCHI ARITOMO, IGLESIA ENRIQUE. Catalytic activation and reforming of methane on supported palladium clusters[J]. Journal of Catalysis, 2010, 274(1): 52-63.

[53] AASBERG-PETERSEN K., HANSEN J. -H. BAK, CHRISTENSEN T. S., et al. Technologies for large-scale gas conversion[J]. Applied Catalysis A: General, 2001, 221: 379-387.

[54] FREY MYRIAM, ROMERO THIERRY, ROGER ANNE-CÉCILE, et al. Open cell foam catalysts for CO_2 methanation: Presentation of coating procedures and in situ exothermicity reaction study by infrared thermography[J]. Catalysis Today, 2016, 273: 83-90.

[55] WANG W, CHU W, WANG N, et al. Mesoporous nickel catalyst supported on multi-walled carbon nanotubes for carbon dioxide methanation[J]. International Journal of Hydrogen Energy, 2016, 41(2): 967-975.

[56] FENG Y Y, YANG W, CHEN S, et al. Cerium promoted nano nickel catalysts Ni-Ce/CNTs and Ni-Ce/Al2O3 for CO_2 methanation[J]. Integrated Ferroelectrics, 2014, 151(1): 116-125.

[57] MEBRAHTU CHALACHEW, ABATE SALVATORE, PERATHONER SIGLINDA, et al. CO_2 methanation over Ni catalysts based on ternary and quaternary mixed oxide: A comparison and analysis of the structure-activity relationships[J]. Catalysis Today, 2018, 304: 181-189.

[58] NGUYEN PATRICK, PHAM CHARLOTTE. Innovative porous SiC-based materials: From nanoscopic understandings to tunable carriers serving catalytic needs[J]. Applied Catalysis A: General, 2011, 391(1-2): 443-454.

[59] BA HOUSSEINOU, LIU Y F, TRUONG-PHUOC L, et al. A highly N-doped carbon phase "dressing" of macroscopic supports for catalytic applications[J]. Chemical Communications, 2015, 51(76): 14393-14396.

[60] BA HOUSSEINOU, LUO J J, LIU Y F, et al. Pham-Huu Cuong, Macroscopically shaped monolith of nanodiamonds @ nitrogen-enriched mesoporous carbon decorated SiC as a superior metal-free catalyst for the styrene production[J]. Applied Catalysis B: Environmental, 2017, 200: 343-350.

[61] LIU Y F, BA HOUSSEINOU, LUO J J, et al. Structure-performance relationship of nanodiamonds @ nitrogen-doped mesoporous carbon in the direct dehydrogenation of ethylbenzene[J]. Catalysis Today, 2018, 301: 38-47.

[62] DUONG-VIET CUONG, NHUT JEAN-MARIO, TRUONG-HUU TRI, et al. A nitrogen-

doped carbon-coated silicon carbide as a robust and highly efficient metal-free catalyst for sour gas desulfurization in the presence of aromatics as contaminants[J]. Catalysis Science & Technology, 2020, 10(16): 5487-5500.

[63] LEROI PASCALINE, MADANI BEHRANG, PHAM-HUU CUONG, et al. Bousquet Jacques Louis, Ni/SiC: A stable and active catalyst for catalytic partial oxidation of methane[J]. Catalysis Today, 2004, 91-92: 53-58.

[64] XU C , GU Q Q, LI S Y, et al. Heteroatom-Doped Monolithic Carbocatalysts with Improved Sulfur Selectivity and Impurity Tolerance for H_2S Selective Oxidation[J]. ACS Catalysis, 2021, 11(14): 8591-8604.

[65] XU C, CHEN J, LI S Y, et al. N-doped honeycomb-like porous carbon derived from biomass as an efficient carbocatalyst for H_2S selective oxidation[J]. Journal of Hazardous Materials, 2021, 403: 123806.

[66] MALHOTRA ABHINAV, CHEN W Q, GOYAL HIMANSHU, et al. Temperature Homogeneity under Selective and Localized Microwave Heating in Structured Flow Reactors[J]. Industrial & Engineering Chemistry Research, 2021, 60(18): 6835-6847.

[67] CHIZARI KAMBIZ, DENEUVE ADRIEN, ERSEN OVIDIU, et al. Nitrogen-doped carbon nanotubes as a highly active metal-free catalyst for selective oxidation[J]. ChemSusChem, 2012, 5(1): 102-108.

[68] KHATTAK HAMZA K., BIANUCCI PABLO, SLEPKOV AARON D.. Linking plasma formation in grapes to microwave resonances of aqueous dimers[J]. Proceedings of the National Academy of Sciences, 2019, 116(10): 4000-4005.

[69] HANEISHI NAOTO, TSUBAKI SHUNTARO, ABE ERIKO, et al. Enhancement of Fixed-bed Flow Reactions under Microwave Irradiation by Local Heating at the Vicinal Contact Points of Catalyst Particles[J]. Scientific Reports, 2019, 9(1): 222.

[70] KELLER NICOLAS, PHAM-HUU CUONG, LEDOUX MARC J. Continuous process for selective oxidation of H_2S over SiC-supported iron catalysts into elemental sulfur above its dewpoint [J]. Applied Catalysis A: General, 2001, 217(1-2): 205-217.

[71] NGUYEN PATRICK, NHUT JEAN-MARIO, EDOUARD DAVID, et al. Fe_2O_3/β-SiC: A new high efficient catalyst for the selective oxidation of H_2S into elemental sulfur[J]. Catalysis Today, 2009, 141(3-4): 397-402.

[72] ZHANG X , DOU G Y, WANG Z, et al. Selective catalytic oxidation of H_2S over iron oxide

supported on alumina-intercalated Laponite clay catalysts[J]. Journal of Hazardous Materials, 2013, 260: 104-111.

[73] YAO X L, XU J J, HONG Z L, et al. Metal/Graphene Composites with Strong Metal-S Bondings for Sulfur Immobilization in Li-S Batteries[J]. The Journal of Physical Chemistry C, 2018, 122(6): 3263-3272.

第 9 章　石墨毡基结构碳材料催化剂的未来发展与展望

在寻求用于多相催化的新型结构碳材料的过程中，本书着重介绍和探索了商业 GF 作为催化应用的分层多级基体的潜力。GF 的分层结构起源于缠结的碳微丝的存在，从而形成了具有大比例空隙的宏观形状。根据最终的石墨化处理，这些碳基材料显示出不同的表面反应性和孔隙率，可通过化学和/或热处理进行微调。表面改性/功能化允许人们制备具有可控的表面反应性的碳基体。氧化后的 GF 可用作非金属催化剂，在 H_2S 的气相部分氧化成元素硫的反应中表现出高活性。活化的 GF 通过氧功能化，成功地用于负载 Pd NPs，在 α，β-不饱和肉桂醛的液相选择性加氢反应中表现出独特的高催化性能。此外，这些碳基材料的宏观形状为气相反应提供了沿反应器床层的低压降，并可在液相反应中从液相介质里轻松地回收催化剂和产物。由此，本书介绍了一些基于商业 GF 通过合理的设计和制备方法来合成结构非金属催化剂或结构催化剂碳载体的策略。

然而，这些结构碳基材料在催化领域进一步发展仍有很多工作要做。从本书所述的研究结果中得出以下结论：

（1）关于使用氧化 GF 作为非金属催化剂对 H_2S 进行气相的部分氧化反应，根据表征结果证实其催化性能与含氧官能团所修饰的结构缺陷有关。但由于存在各种不同的含氧官能团，反应中催化剂表面的活性位点的定义仍然还不清楚。因此，需要继续对活性位点进行定性和定量分析的详细研究，如通过使用化学滴定或热处理选择性地去除或抑制不同的含氧官能团，以便在这些活性位点与脱硫活性之间建立直接联系。碳载体上存在的结构缺陷也可用于锚定其他非金属催化剂，如介孔的氮掺杂的碳层，以生产具有高的催化性能、改进的可及性和易于回收的多级非金属催化剂。

（2）用氧化 GF 负载 Pd 纳米催化剂在 80℃的 CAD 液相选择性加氢反应中表现出优异的稳定性，表明其在催化剂制备（热处理）和催化反应循环测试中均具有更强的抗烧结和/或聚集的性能。未来的研究可以在这种具有表面缺陷结构的氧化 GF 上进行，并用于负载其他的活性金属应用于其他的气相反应，特别是对于在高温（还原或惰性介质下）经常发生烧结的反应。得益于其互连和导热的结构，GF 也可以在某些放热反应中被用作催化剂的碳载体，且具备快速和均匀散热的优势。

（3）通过引入含杂原子（氧）官能团，已证明 Pd NPs 在 GF 表面的锚定得到显著改善。优化性的研究可以继续进行，目的可以是研究功能化过程的操作步骤，以增加碳载体上锚定位点的数量。此外，通过扩展的 X 射线吸收精细结构（extended X-ray absorption fine structure，EXAFS）等先进的表征技术，进一步地研究和理解活性金属与锚定位点之间的相互作用机制。

（4）未来的研究还可以致力于 GF 基非金属催化剂或催化剂载体的非接触加热（电磁感应加热），因为该碳材料具有导电性，可通过电磁感应加热技术向 GF 基催化剂提供有针对性的热量，并且由于高的加热速率（每分几百摄氏度）而具有极高的反应温度的调节能力。有针对性的加热方式将有助于了解吸热或放热反应中的催化过程，有利于解决催化剂床层的热点问题，从而提高催化反应的性能。